刘宝江 ——

编著

华
青少年的
生忠告

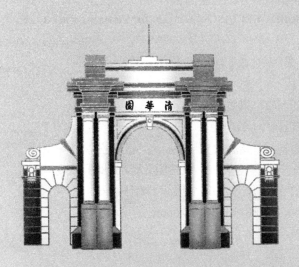

清华园

吉林文史出版社
JILIN WENSHI CHUBANSHE

图书在版编目（CIP）数据

清华给青少年的一生忠告／刘宝江编著. —— 长春：吉林文史出版社, 2021.3（2023.5重印）

ISBN 978-7-5472-7666-2

Ⅰ.①清… Ⅱ.①刘… Ⅲ.①成功心理-青少年读物 Ⅳ.①B848.4-49

中国版本图书馆CIP数据核字(2021)第055436号

清华给青少年的一生忠告

QINGHUA GEI QINGSHAONIAN DE YISHENG ZHONGGAO

编 著 者	刘宝江	
出 版 人	张　强	
责任编辑	魏姚童	
封面设计	李　荣	
出版发行	吉林文史出版社有限责任公司	
地　　址	长春市净月区福祉大路5788号出版大厦	
印　　刷	艺通印刷（天津）有限公司	
开　　本	880mm×1230mm　　1/32	
印　　张	6	
字　　数	120千	
版　　次	2021年3月第1版	
印　　次	2023年5月第3次印刷	
书　　号	ISBN 978-7-5472-7666-2	
定　　价	28.00元	

前　言

　　清华，一个闻名遐迩的名字，一所建校 110 余年的著名学府，一座令无数中国学子翘首以盼，心向往之的学术、科技、思想殿堂。

　　从最初的清华学堂，到现在全球首屈一指的名校，清华大学始终敞开胸怀，给了众多科技名宿与学术大家以舞台，如梁启超、陈寅恪、王国维、赵元任、梅贻琦、汤用彤、钱钟书、季羡林、邓稼先、周光召、李政道、杨振宁、李远哲、钱学森、钱伟长、钱三强、金岳霖、费孝通、梁思成、茅以升等，也培养、造就了一批又一批知名校友，如习近平、胡锦涛、朱镕基、周培源、竺可桢、华罗庚、张岱年、夏鼐、端木蕻良、英若诚、吴晗、于光远、邓亚萍、杨绛、曹禺、胡风、潘光旦、张朝阳、高晓松等。历尽风风雨雨，清华始终站在中国学术和科技的前沿，始终与祖国和人民同呼吸、共命运。

　　有幸考入清华大学的人自不必说，由于种种原因，与清华擦肩而过者，也不等于从此无缘。清华之大，不在于招牌与名气，而在于神采与精神。清华大学的尖端学科很多人未必能听懂，很多时候也不必要深究，但以"自强不息，厚德载物"的清华校训为核心的精神却人人需要，也人人都可以领会。

　　本书立足当代，立足青年人的学习、工作和生活，仔细梳理了梁启超、陈寅恪、王国维、赵元任、梅贻琦、汤用彤、钱钟书、季羡林、邓稼先、周光召、李政道、李远哲、钱学森、金岳霖、费孝通、梁思成、周培源、竺可桢、华罗庚、张岱年、吴晗、于光远、杨绛、曹禺、潘光旦和近些年涌现出来的许多清华学霸，以及成千上万清华人的成功轨迹与智慧感悟，结合青年们最为本质的需求，为大家奉上一桌哲学盛宴。从格局到性情，从态度到行动，从梦想到现实，从时间到能量，全方位重塑一个人，提升一个人。

无须讳言，本书也包涵了我本人，一个大叔级别的、与清华无缘也有缘的老男孩，传奇复杂的过往及纷繁微妙的心得。相信我的痛点正是你的痛点，也相信我的昨天不会是你的明天，更相信我只是抛砖引玉，每位读者在读完此书后都会产生自己的独特生命体验，从而在今后的日子里，智勇兼备，从容向前。

目　录

第一份忠告：自强不息

1. 从"从牛到爱"说开去

在已故著名科学家钱三强先生的故居中，挂着一幅书法作品，内容颇为奇特："从牛到爱。"

什么意思呢？据钱三强先生的小儿子钱思进教授讲述，这是他的爷爷钱玄同，当年在父亲钱三强出国留学前写的，用以激励钱三强，先像牛一般勤勉，然后再向着牛顿和爱因斯坦的方向前进。携着这幅字卷，钱三强登上了开往法国的轮船，开启了自己探索裂变之光的旅程，多年以后，为中国的"两弹一星"事业做出了卓越贡献。

其实，就连"三强"这个名字，也是有故事的。钱三强原名钱秉穹，有一次，一个比较瘦弱的同学给他写信，在信中自称"大弱"，同时称他为"三强"，这本是一封孩子们之间互称绰号的调皮信件，恰巧被父亲钱玄同看见了。钱玄同问："你的同学为什么叫你'三强'呀？""因为我排行老三，喜欢运动，身体强壮，所以他叫为'三强'。"儿子认真地回答。钱玄同先生一听，连声叫好。他说："我看这个名字起得好，但不能光是身体强壮，'三强'还可以解释为立志争取德、智、体都进步。"既然父亲这么肯定，"钱秉穹"从此以后就正式改名为"钱三强"。他个人的成就不必提了，妙的是，钱家祖孙三代，出了三位大师，算是对"三强"的补充诠释。

其实，钱三强的夫人何泽慧也很强。何泽慧是杰出的核物理学家，1936 年毕业于清华大学，1940 年获德国柏林高等工业大学工程博士学位。她在在德国海德堡皇家学院核物理研究所工作期间，首先发现并研究了正负电子几乎全部交换能量的弹性碰撞现象。在法国巴黎法兰西学院核化学实验室工作期间，与合作者一起首先发现并研究了铀的三分裂和四分裂现象。回国后，在领导建设中子物理实验室、高山宇宙线观察站、开展高空气球、高能天体物理等多领域研究方面作出过重要贡献，被誉为"中国的居里夫人"。

但是，恰如钱思进教授所说，父亲钱三强也好，母亲何泽慧也好，都没有把自己看成什么特殊人物。尤其是钱三强，他非常反感一个词，就是"××之父"，因为确实也不是他一个人的事，是千军万马。他一个人绝对造不出来任何东西，螺丝钉都造不出来，他是在他的能力范围内尽了最大的努力。"我父亲就跟我讲，做什么事好好去做，让我一生永远记住这个准则。他说，我没有任何其它长处，唯一的就是，做什么事好好去做这一条。"钱思进教授如是说。

"做什么事好好去做"，这话讲的平实而又低调，但它的内涵不小。用中国古人的话说，同时也是清华大学的校训来说，就是"自强不息，厚德载物"，再说简单点儿，就是既要勤奋，又要厚道。

厚道我们在下文中再说。这一节，我们先顺着"从牛到爱"这个关键词说开去，具体讲讲勤奋。

古人云："一勤天下无难事，一懒世间万事休。"著名的曾国藩还总结出了自己的的"五勤"之道：身勤、眼勤、手勤、口勤、心勤。清华大学教授、博士生导师童秉枢也说过："勤奋是清华人最大的优点，也是清华人的安身立命之本。在中学阶段，清华人是勤奋的；在大学阶段，清华人是仍然勤奋的；工作以后，清华人是更加勤奋的。"

清华人有多勤奋呢？我在清华大学出版社工作期间，遇到过这样一件小事：

有一次，有位书商让我帮忙找个作者，看能否写一本关于李嘉诚先生的传记。我很快找来一位朋友，介绍他们认识。他们谈得很好，但在合作期间，因为书中一个小标题，吹了。这个小标题叫"别人做8个小时，我就做16个小时"，这本是李嘉诚的名言，也是李嘉诚的亲身经历。李先生在采访中说过，从1958年开始创业起，在之后20多年时间里，他每天都保持着16个小时以上的工作量。我的朋友认为这个标题实在是太好了，没有比它更能说服读者、激励读者、教育读者的了。但那位书商认为不行，他说："这个标题不是不好，但是太吓人！现代人干8个小时都觉得累，你还让人干16个小时，你想把大家累死啊？虽说大家都知道，天下没有免费的午餐。但大多数人不那么想，他们想的是，最好能有一本如何教他们轻轻松松就能把大钱赚到手的秘笈。不迎合读者，再好的书也是赔钱货！听我的，老弟，把它改喽，别那么吓人就行……"但是最终，我那位朋友也没有改，因为他恰好也是个清华人。

那位书商的话，其实非常专业。用专业的话来说，就是他懂得迎合读者。有太多的读者，想通过读一本书改变命运，学一个妙招改变命运，走一条捷径改变命运。有太多的人，不是被迫的话，就绝对不勤奋。有人靠着勤奋出人头地了，也会被他们简单定性为"祖坟冒青烟"，或者"走狗屎运"，等等。如果有谁在旁边不识时务地提醒他们一句："请注意，人家付出了努力。"他们肯定会立即把矛头对准你，轻则笑你不懂潜规则，重则把你骂个狗血喷头。

中国人的劣根性之一就是不患寡只患不均。中国人的商人们也祖辈传留，开嘴闭嘴哭穷，坚决不肯露富。为了让那些暂时还没富起来甚至一辈子都不可能富起来的同胞舒服些，那些精明的当代富人们，也往往会在人前把自己的成功归因于"幸运"。李嘉诚就这么做过。

1981 年，已经成为风云人物的李嘉诚在香港电台电视部拍摄《杰出华人系列——李嘉诚》时，该电台记者问："李先生，你今天的成功，与运气有多大关系？"李嘉诚当时很谦虚地说那是"时势造英雄"。但是事隔 17 年后，当他再次被香港电台采访之际，李嘉诚给出了另一个答案："那时我说得谦虚，今天我再坦白一点说，我在创业初期，几乎百分之百不靠运气，而是靠工作、靠辛苦、靠努力挣钱。你必须对你的工作、事业有兴趣，必须全身心地投入进去。"

　　关于李嘉诚，我还有一个故事：还是在清华大学出版社工作期间，有一次聚会，一个同行问："比尔·盖茨是世界首富，李嘉诚是华人首富，但比尔·盖茨的书为什么卖不过李嘉诚的书？"马上有人回答："这是因为李嘉诚是中国人，沾了咱中国人口基数大的便宜，人口多，潜在读者也就多，而美国人少，盖茨的潜在读者自然不如李嘉诚的潜在读者多。"又有人说："李嘉诚不仅会赚钱，而且会做人。"还有人说："李嘉诚做的生意多，人生经历也更丰富，而比尔·盖茨只做软件，可供作者们挖掘的素材也相对较少，甚至都凑不成一本书，还谈什么火不火的。"等等。大家说来说去，没个结论。最后，这位同行自报答案："因为李嘉诚的成功具有极强的可复制性，他的成功验证了这样一个真理——只要努力，必有收获；而比尔·盖茨的成功，在一定程度上不可复制。"

　　确实。人们常说的"时势造英雄"也好，"把握住了时代的脉搏"也罢，多少都有些运气成分。但好运这种东西不能指望它，指望好运不如指望勤奋。更不要说什么命中注定，即使真有命运，它也只对勤奋的人微笑。

2. 强调天赋不如刻意练习

　　在以往，写到清华北大的大师与学霸们，或者社会上一些风云人物、传奇人物，传记作家们通常都是说上一句，"此人从小就有极高天赋，被誉为神童"，等等。不可否认，有些人确实天赋高些，但同样不可否认，唯天赋论绝对不可取。

如前所述，人生不能指望好运，指望好运不如指望勤奋。有没有天赋，就是个运气问题。运气是不能指望的，天赋是不能强调的。强调天赋不如刻意练习。因为强调天赋，只会让人羡慕嫉妒恨，而刻意练习能让人规避天赋，走出一条强者之路。

什么叫刻意练习？说白了就是努力加有意识地练习。

以打篮球为例，有几个指标似乎亘古不变：身高、臂长、弹跳力、肌肉强度等。这些生理天赋，是精明的 NBA 经理们崇拜的真理。从东海岸到西海岸，从美国到全球，每年都有各种选秀，但从本质上看都是在选天赋。可是也总有一些"天赋"让人大跌眼镜，同时总有一些"非天赋"让人们惊叹连连。

比如篮球场上的矮脚虎——博格斯，他身高只有 1 米 60，完全没什么天赋。但是他太热爱篮球了，他发了疯似的练习，结果球技突飞猛进，身高的弱势后来还成了加分项。因为那些大个子们太高了，而他底盘太低了，他运球时稍微弯腰，就能贴地疾进，几乎没有人能断掉他的球，极少的失误成就了他"助攻失误比排名 NBA 第一"这个事实。小牛队主教练老尼尔森说得更有趣儿："博格斯这个球员，对我们球队来说，最重要的事情就是他能钻到一些大个儿的怀里，把球掏出来！"

再比如人如其名的"土豆"韦伯，他比博格斯高些，但也只有 1 米 69，他的杀手锏是弹簧腿，他练啊练，练啊练，不仅弹跳能力超强，而且还得过 1986 年的"扣篮王"，证明了小个子也能飞，连乔丹也为之折服。

今年年初去世的科比，身高 1 米 98，强壮而不臃肿，应该算是有天赋的。但在美国，这顶多算没有劣势，他这样的身材比比皆是，每年还有50多万的高中生球员加入美国篮坛，多如过江之鲫。怎么办？只能是刻意练习，练习练习再练习。科比曾经自述："每天洛杉矶早晨四点，仍然在黑暗中，我就起床行走在黑暗的洛杉矶街道上。一天过去了，洛杉矶的黑暗没有丝毫改变。两天过去了，黑暗依然没有半点儿改变。十多年过去了，洛杉矶街道早上四点的黑暗仍然没有半点儿改变，但我却已变成了肌肉强健，有体能、有力量、有着很高投篮命中率的运动员。"科比的命中率有多高呢？别的不说，他曾单场得到过81分的高分，仅少于张伯伦的100分，位列历史第二名。这是那长达十几年的、没黑没白的刻意训练赐予他的。

影视名星们也不例外。年轻的如鹿晗、张碧晨、权志龙，资深的如周润发、刘德华、梁朝伟、周星驰、郭富城、古天乐、吴君如、刘嘉玲等，以及数不胜数的练习生出身的日韩名星，实在太多。你经常会看到娱乐编辑们写某某因为训练太苦累哭了之类的报道，矫情吗？不，确实是苦，尽管这种苦，确如网友们所说的，跟挖煤、搬砖、送快递不是一种苦。但无可否认，就算有些天赋，也没有人可以随随便便成功。毕竟，竞争太激烈了。既如此，为什么不把更多的精力收回来，刻意练习一些真本事，非得聚焦于别人苦不苦呢？

相对于刻意练习，天赋远没有人们想象的那么重要。看"中国好声音"或者"中国达人秀"，评委们最常问到一句话，就是"你有什么才艺？"从来没有人问过，你有什么天赋？所谓才艺，就是具体的才能或技艺，通常来说，它们都可以通过后天的刻意练习掌握或达到，包括那些最为神乎其技的才艺。而天赋，你能比方仲永还有天赋吗？天资过人的方仲永，不学习，不练习，最后也只能泯然于众人。

具体到学习上，勤奋是必需的，练习也是必需的，但还要加上个"刻意"。所谓学习上的"刻意练习",直白来说就是,好的学习态度加上好的学习方法。

就以"考上清华"这个再务实不过的目标来说吧,清华的学子们,当初是怎么想的?怎么做的?他们又是怎么看待天赋与努力的呢?我们来看看 2017 年陕西省文科状元向远方是怎么说的。

在一次采访中,向远方回答:"我一直在努力,天赋也不能说没有。但是,培养自己良好的学习习惯,和好的老师和同学在一起更重要。"他并没有否认自己的天赋,同时也强调自己很注意学习方法。

在他的同学们看来,向远方确实有一套自己的学习方法。尽管不确定是什么,但能明显看出差别。

首先,他的睡眠时间远长于自己的同学。在高三最紧张忙碌的阶段,他仍保持着每晚至少 6 小时、中午 40 分钟的睡眠时间,并利用碎片时间恢复精力。这并不是说向远方是一个不怎么用功努力,仅依靠天赋就能考高分的同学,而是说他清楚地知道自己的体力极限,并把在有限的时间内高效完成最多的事作为标准,不盲目打"疲劳战"。高三阶段,围绕在他身边最重要的事,就是听课及自我分析提高。

其次,他常常不完全按照老师的要求学习。用他自己的话说,是"我桀骜不驯,我也遵守规则"。他也努力,他也伏案,但在同学们昏天黑地、头昏脑胀的时候,他常常出现在办公室,和老师"聊天"。这种"聊天"并非简单的习题答疑,或是谈论与学习无关的话题,而是基于个人状态和能力的分析,以及个人与老师教学计划的契合度分析。因此,他在与老师的聊天中,逐渐形成了具有个人特色的学习特色。他并不是盲目按照老师的要求学习,而是在其中加入自己的思考与理解,有针对性地调整自己的学习方案,由此让学习更有效。

最后，是多与老师和同学讨论。在习题答案公布后，向远方总是愿意花费额外的时间，与不同的老师和同学讨论可行的解决方法。甚至有时候，同年级的老师都被他逮住，问之前他早已得到答案的一道习题。在有些人眼里，这显得有些固执，但向远方知道，只有这样他才能获得更多的解题思路，掌握不同的思考方法，加深对正确答案的理解，并彻底打消自己的疑惑与不解。

我想我们每个人都会有一些疑惑与不解，包括学习上的，工作上的，感情上的，心理上的，认识上的，等等。有些问题已经困扰了我们很久，有些瓶颈已经限制了我们很长时间，老百姓常说，"从哪里跌倒，就从哪里爬起来"，哲人也说，"菩提即烦恼，烦恼即菩提"，但如何站起来，如何把烦恼转化为菩提，我想都离不开刻意练习这个法宝。

想想看，人与人生下来，有什么本质不同吗？我们都要学走路，学吃饭，学说话，哭着喊着找妈妈，连这些最基本的生存技能，我们都是靠着父母的引导与反复练习，才逐渐掌握。区别只在于，有些人会在后期展开刻意练习，有些人却始终在进行无意识地练习，距离也就在无形中拉开了。

第二份忠告：厚德载物

1. 构筑自己的"九层德塔"

如前所述，"自强不息，厚德载物"是清华大学的校训，具备深厚传统文化功底的人还知道，它出自《易经》。再说具体点，"自强不息"指的是六十四卦中的乾卦，乾为天，天道运转，循环不息，世上的君子也应该奋发进取；"厚德载物"则是指六十四卦中的坤卦，坤为大地，承载万物，长养万物，世上的君子也应该效仿大地宽厚的德性。另外，乾卦为六十四卦之父，坤卦为六十四卦之母，就好比一个家庭不能只有父亲没有母亲，或者不能只有母亲没有父亲，一个人也必须同时具有乾坤两卦的德性，也就是自强不息与厚德载物，才能谈得上完善。

自强不息我们已经有所阐释，这里单讲厚德载物。

一个人，需要多"厚"的德才能载物呢？

儒家认为，人起码要有五德，也就是仁、义、礼、智、信五种基本品德。然而这一定义大而无当，不易操作。光是一个"仁"字，悟性低的人研究半辈子都未必能领会。反倒是儒家极其推崇的上古时期的东夷族部落首领皋陶所讲的"九德"，不仅科学合理，而且简明易行，与儒家的"五德"也没有本质上的冲突。

皋陶九德，具体说来指的是宽而栗、柔而立、愿而恭、乱而敬、扰而毅、直而温、简而廉、刚而塞、强而义，我们逐一讲解：

宽而栗，这是第一德，即宽厚而庄重。一般来说，宽厚的人比较随和，这也行，那也好，时间长了，别人就会对他失去敬畏。

如果能同时做到神态庄重，别人就不敢轻视他。你去观察一下现实生活中的优秀领导者，就能发现他们都具有宽厚而又庄重的特点，不怒而威，一看就像个大人物。只有宽厚，没有庄重的人，下属也许会喜欢他，却不会敬重他，这样就不容易确立威信。我们通常认为宽厚是一种美德，实际上，宽厚只有跟庄重合起来才是一种美德，否则就是任人欺辱的老好人。

柔而立，这是第二德，即温和而有主见。宽厚的人，通常性情温和，他们肯倾听别人的意见，但意见听得多了，就存在选择困难症。如果这个人没有主见，那对整个团队来说就是一场灾难，因为"没有主见"的代名词就是"优柔寡断"。兵法云："三军之灾，起于狐疑。"优柔寡断的人肯定不适于带兵打仗，也不适于担任其他行业的领导，就算是做一个成功的自由职业者也难。皋陶注意到了这一点，所以讲"柔而立"，单纯的性情温和，并不是美德，性情温和但有主见才是美德。

愿而恭，这是第三德，即讲原则且谦逊有礼。这是反其道而述之，不一上来就讲宽厚、温和了，而是讲原则，这样的人往往不徇私情，往往有法必依，令人敬畏，但不讨人喜欢。他们震慑力强，亲和力不够，威力大，威信低。人们会像敬鬼神一样敬而远之，所以他们难以聚拢众人，这显然不是什么德性，因为没有人会拒绝真正的德性，不被德性感化。他们应该在讲原则的基本上加上谦逊有礼，让自己变圆润些，使别人切实感受到自己讲原则并不是为了伤害人，而是为了大家共同的利益着想，这样别人对他的感觉，就会由"敬畏"转变为"敬爱"了。

"乱而敬"，这是第四德，即聪明能干并且敬业。聪明能干的人，往往不太喜欢实干，他们接受新事物强，学习知识技能时，一看就懂、一学就会，既如此，又何必下苦功夫钻研呢？因此容易流于表面，好高骛远，总想干大事，不能踏实下来。如果在聪明能干的基础上加上点敬钟如佛的精神，精益求精，反复迭代，"如切如磋，如琢如磨"，就不难做出大学问，干成大事业。

扰而毅，这是第五德，即头脑灵活且有毅力。头脑灵活的人，善于变通，过于执着的人，则容易钻牛角尖。反过来说，头脑太灵活了，一遇挫折，就想改弦易辙，打退堂鼓，其结果就是不断变化，不断游走，不断选择，不断放弃，最终无成。把两者结合好，在头脑灵活的基础上加上持之以恒的毅力，在目标不变的前提下，不断调整行进方式，有问题就处理问题，而不是放弃问题，才叫高明。

直而温，这是第六德，即正直而且友善。正直的人，是非观念强，好嫉恶如仇，看见不合理的事情就想干预，干预的方式又往往简单粗暴，这样很容易伤害人。如果在保持正直本色的同时，辅以友善的态度，注意说话的艺术与方式方法，保护好对方的自尊心，自然能让人心悦诚服。

简而廉，这是第七德，即坦率而又有节制。坦率的人，喜欢把事情摆到桌面上谈，讲究知无不言，言无不尽。如果不懂得节制，难免会涉及他人的隐私或秘密，或者随意表态，伤害别人，引发不必要的麻烦，甚至很严惩的后果。要在坦率的心胸上加上点儿节制，该谈的就直言不讳，不该谈的就守口如瓶，这是德行，也是素养。

刚而塞，这是第八德，即刚强而务实。性格刚强的人，往往固执己见，偏执到底，为了面子折了里子，甚至明知错了也不悔改，一条道走到黑，为人不喜，也耽误正事。刚强本身并没有什么错，只是不要过刚，加上点务实精神，人就能刚柔相济，成为一个杰出的人。

强而义，这是第九德，即勇敢而又符合道义。勇敢的人无所畏惧，但也容易率性而为，让美德变成恶习，所谓"大勇若怯"，只有依循道义，在需要我们勇敢的时候才挺身而出，才是真正的美德。

明眼人不难看出，上面九德，都是阴阳和合之德，都有两面性，离了刚的一面与柔的一面都不行，都不好，都不完善。这很正常，因为中国传统文化的核心就是阴阳，用现在的话说就是辩证。不过古人也注意到了，德虽有九德，但人们很难做到九德俱全，总是这里好些，那里差些，或这里差些，那里好些。对普通人，不能用完人的标准来要求他们。他乐意做一个普通人，有个基本的品德就行，怎么能强求呢？只有愿意上进的人，愿意承载更多责任的人，才会不断严格要求自己。我们可以把九德比喻为九层楼房，有人盖个平房，甚至搭个茅屋就心满意足了，但有的人会选择盖二层楼，或者三层楼、四层楼，直至"九层德塔"。一切取决于你本人，能够限制你的也只有你自己。

按照皋陶的说法，九德是天子之德，六德是诸侯之德，三德是卿大夫之德。这些我们听听就行，恰如清华大学校长顾秉林先生所说："在当今这样一个社会飞速发展、而又充满各种诱惑的世界里，同学们要保持一种自信、理性、平和的心态，防止急功近利与浮躁情绪，不以物喜、不以己悲，戒骄戒躁、抵御诱惑，秉承清华'自强不息、厚德载物'的光荣传统，真正沉下心来，做一些造福社会、有利于国家和民族的事情，踏踏实实做事，堂堂正正做人，力求达到"上善若水，静水流深"的境界。"真正的厚德，肯定是利他的。真正利他的，必然是君子。

2. 天一样运转，地一样承担

如前所述，"自强不息、厚德载物"——这是清华大学的校训。那么，它最早是谁提出来的呢？据著名历史学家、清华大学历史系教授张岂之先生说，该教训始自清华四大导师之一的梁启超。

张教授说："1914年，梁启超先生第一次到清华学堂，也就是清华大学的前身清华学堂讲课时，他从《易经》讲起，着重讲了八八六十四卦中的乾卦和坤卦，其中乾卦指的是天，讲天的运行，天的精神，即'天行健'，也就是天不停地运转，大自然不停地运行。那人应该怎么办？相应的，君子以'自强不息'，不断地奋进，不断地进取。那坤卦指的是什么？指的是'地'，大地有什么特点呢？所有的房子、树木都在大地上，人和一切有情众生也在地上，地包容万物，所以坤卦就是'地势坤'。那君子应该怎么样？君子以'厚德载物'，道德、学问很厚重，就好像大地把万物都负载在身上一样。讲完后，梁先生说，今天就讲这么多，送大家两句话，一句是'自强不息'，一句是'厚德载物'，勉励大家，这两句话作为座右铭非常好。后来，这两句话就成了清华的校训。"

张教授刻意强调，无论是梁启超先生，还是古人与今人，以及后来人，学习时都应该乾坤并重，不能割裂。单独讲自强不息不行，因为一个人再自强，也只是一个人的力量。而厚德载物，看似是你在承载万物，实际上万物也在承载着你。

空中网董事会主席兼CEO王雷雷也说过："清华培养我们奋发向上，也培养一种责任心，以便实现自己的理想。清华培养了我们的执行力和创新能力，这样一种意识影响了很多清华人。包括现在互联网行业里面，有很多的清华人、清华团队，都有同样的精神。我们都知道，清华有教训说'自强不息，厚德载物'，这说的是很简单，做到却不容易，尤其是离开清华校园，在社会上做事的时候，我们面临着激烈的竞争与生存压力，在遇到挫折时，在信心动摇时，更感到它是一种支持。我感到清华给予的是一种源源不断的力量，让人在离开清华后，还能时刻用它来指导自己。从品牌上讲，清华就是一个品牌，一种力量，一种创新，是富有责任心的牌子，同时对我们也是一种非常好的教育。"

清华是王雷雷的母校，他是清华大学96级电子工程系毕业生。毕业后，他先后供职于中国长城计算机软件公司和汕头亿峰期货经纪有限公司，之后创办北京寅诚志科技有限公司，后来又加盟TOM.COM互联网集团，担任TOM中国区运营总经理。据网友爆料，他在此期间曾发生过两个近乎传说的小故事：

有一次，王雷雷出席一个活动，在现场偶遇一拨熟人，他走上前去同大家一一握手。当他将手伸向其中一位女士时，对方抬起头，无奈地说："雷雷，怎么连妈妈都不认识啦？！"在人们的哄堂大笑声中，王雷雷这才看清，站在面前的居然是自己的母亲。他究竟是因为当时太仓促了，还是太长时间没有回家的缘故，而一下子没能认出自己的母亲来，外人不得而知。

还有一次，王雷雷的母亲来到TOM公司的总部。她告诉接待自己的公司员工："没什么事情，就是太久没有看到雷雷了，想来看看他。"当时正是TOM在线上市过程中最忙的阶段，王雷雷不在公司。在儿子的办公室里等了很久，也没见他回公司，母亲只好带着一沓儿子最新的照片回了家。

才能叫自强不息？这就叫自强不息。那么厚德载物呢？具体到王雷雷，首先就是一个"孝"字。他是业内有名的孝子，用他自己的话说，自己最大的愿望是能让父母、让自己身边的人过得更好、更幸福一些。然而很多时候他是做不到的，因为他还得为投资人负责，为创业的小伙伴们负责，为更多的人负责，为社会负责。

怎么体现出来呢？我们也讲两件小事：

一是2008年汶川大地震时，王雷雷不仅个人捐款200万元，而且马上率队奔赴灾区，现场救援。5月16日，一位老大爷跑来找王雷雷，说自己的老伴被压在了家里。王雷雷招呼大家一起去救人，只见一座二层小楼已被夷为平地，几面砖墙同时倒下，天花板再压在上面，预制板和墙体混杂在一起。队员们先用撬棍把预制板撬起来，再挂上钢丝，用吊车吊起。然后，大家顺着卧室的方位开始挖掘，转眼过了一个多小时，天色渐暗，人还没有挖出来。有人认为没必要再挖下去了，王雷雷拍板说："还是尽力挖到底吧。挖到活人是挽救生命，挖到死人是尊重生命，最起码对死者的家人是一个安慰。"这话把大家都说服了。后来，大家挖到了被子，但被子下面没人。大家一想，人可能倒在门附近，因为人会本能地向门口跑。于是接着挖，结果在门附近发现了遗体，因为怕用工具伤着遗体，大家就用手一点一点刨，硬是把老太太的遗体抠了出来。

二是前面讲过，王雷雷走出清华园，就进入了期货行业。这个行业每天有大开大阖的资金出入，尤其刺激人的神经。王雷雷不是没赚过钱，一度还有一个荒唐的想法，"盼望有种生意可以一起床就知道当天能赚多少钱，即使睡觉也不耽误收钱"，以至于被别人嘲笑为地主思想。想归想，他还是务实的，后来干脆"做温州人、宁波人，一个扣子一个扣子地卖，一个火机一个火机地卖"，这是真正的互联网思维，也就是用户思维。

新东方创始人俞敏洪在清华大学演讲时，则从另一角度阐释了自己对"自强不息、厚德载物"的理解，他说："我认为，'自强'有两个概念，首先是自己要强，其次在自我强大的同时，要有人能帮助你，和你一起共同强大，当然你也要记得帮助对方，回馈社会，这就是'厚德'……'自强'与'厚德'，本身就是一体的，或者说，它们互为彼此，不可分割。另外，'自强不息、厚德载物'是清华的校训，但不是清华人的专利，它适用于每一个有志青年。当然，我们可以选择过一种安逸的生活，没有人强迫你一定要考清华大学，没有人强迫你考试考高分，这个世界永远有选择。往前走会有痛苦，没有人不说高考是痛苦的，但痛苦为什么还要选择往前走？因为人为了未来某一个点，这个点可能是幸福点，也可能是成就点，愿意在现在付出。这就是我们人区别于动物的地方，人愿意为了未来在今天更加的努力。为什么我们愿意忍受今天的痛苦？就是因为我们知道如果不付出的话，人生的未来会更加痛苦。幸福永远是一个点，而奋斗和痛苦是一条线，只有走完那一条线才能到达那个点。"

确实，自强不息也好，厚德载物也罢，是清华人的校训，而不是清华人的专利。《易经》是整个中华文明的滥觞，任何一个不甘平庸的炎黄子孙，都应该像天一样运转，像地一样承担，用"自强不息、厚德载物"八个字指引自己的方向，激励自己的步代，不负自己的历史使命。

第三份忠告：为学日益

1. 在知识的殿堂里拾级而上

什么叫为学日益？

著名学者殷邑在清华大学做国学讲座时，从汉字的角度做过一番精辟解读。他说：

我们先来讲讲"知"与"智"这两个字。

从字形上看，"知"字的左边是"矢"字，在古代是指箭。右边是一个"口"字，相当于一个靶心……射箭最起码是不能脱靶。左边一支箭，右边一个靶子，这就是"知"，知识来之不易，其原因就是必须中靶，射准，射中靶心，瞄准目标了才能放箭……关于"知"，就是知识的积累，有"知"就有"识"。你知道了这个东西，必须还要去认识。认识就是分辨、理解，然后再上升为理论，就是真理。"

从"智"的字形上看，知识（知）的日积月累（日）就成为"智"了，是不是这个意思？所以这个"日"很重要，看重每一天，每天都要增长知识，每天都要增益，这样就成了"智"。你的智商怎么来的？是离不开每一天的，你的智力、智慧、智能都离不开这每一天……"

"知者"与"智者"是有区别的。"知者"是知其一而不知其二，知其二而不知其三，知其然而不知其所以然。"然"，就是"这样"，意思是，知道它是这样，而不知道它为什么会这样。而"智者"就不同了，"智者"第一能"知其所以然"；第二能把各个方面的知识，如从书本上学到的，自己观察得到的，别处听来的，或是自己思考来的，等等，都能融会贯通。不会贯通是不行的，这个知识与另一个知识串不起来，A是A，B是B，C是C，不能串成一体，变成一个立体的、新的知识，这就是死知识。只有融会贯通了，才是活知识；第三是自知之明，就是要知道自己，明就是知。所以必须了解自己，那样就不会自满，老实想到自己的哪些地方学得不够。应该天天精进，才能使自己的知识更加充实；第四个就是明辨是非，就是对一些事物要怎样正确地理解它，怎样正确地分析它，这就是智者所俱备的几个特点，它与知者是有区别的，是"知"的升华。"

这段精彩的论述，归纳起来讲，就是"为学日益"。说白了，就是每天进步一点点，展开来说，内涵就很丰富了。一千个观众眼中有一千个哈姆雷特，经历过的人，都有自己的独门心得。

比如，清华紫光股份有限公司总裁李志强曾经说过："其实人过日子就像跳高一样。跳高运动员最重要的就是选好高度，不能太高，那样很可能跳不过去而没有成绩，而太矮了又浪费体力，这和人生没什么区别。过日子也要有三个高度，第一个是满足基本生活需要的高度，第二个是自我挑战的高度，第三是挑战自身极限的高度，这就是人生的三部曲，要努力达到第二高度，再往第三高度上争取。而确定这个高度的时候，和运动员一样，要有自知之明，对自己的能力有一个清醒的认识，才能更顺利。这说白了就是为学日益，一天天向上，每一天都落在前一天上，而不能平地起高楼，更不能开直升飞机。"

在一次采访中，李总刻意谈到了一个排名——全球人种IQ排名榜。这个排名榜是欧美人搞出来的，大意是说，黄种人尤其是东亚人，拥有先天的智力上的优势。东亚人包括中国人、日本人、朝鲜人等在内，拥有全世界最高的平均智商，平均值为 105。之后依次是欧洲人（100）、爱斯基摩人（91）、东南亚人（87）、印第安人（87）、太平洋诸岛土著居民（85）、南亚及北非人（84）、撒哈拉沙漠以南非洲人（67）、澳大利亚原住民（62），平均智商最低的人种则是南非沙漠高原的丛林人和刚果（布）雨林地区的俾格米人，都在 54 左右。这个排名无疑令同胞们感到开心，但是李总指出，智商这种东西，有多大的实际意义呢？一个不懂得为学日益，不愿意日益为学的人，智商高也没用。

荀子《劝学》开篇即说："君子曰：学不可以已。"学习从来都不是一朝一夕的事，也不是某一阶段或某一时期的学，而是一个与人生相始终的马不停蹄的过程。同时，荀子还鼓励人们说，"涂之人可以成禹"，意思是，每一个走在大路上的普通人，都可以成为圣人大禹那样的人物。人，要对自己有信心，并以坚持不懈的学习去支持这份信心。普通人成为圣人，不是能不能的问题，而是学不学、怎么学、学多久的问题。

说实话，真正的学习是很累人的，是绝对不轻松的，尤其是对于那些过去没有好好学习，或者说没有机会好好学习的人来说。因为他们现在首先要关注自己的生存，在学习新知识前还要填补之前的亏空。就好比一个人在银行里欠了很多钱，在把钱还完之前是没什么利息收益可言的。有些人之所以学东西快，不完全像某些人说的，是因为他脑子灵，而是因为他积淀深。他的知识账户里有了足够的储备，学什么都相对更容易上手些。

讲个有意思的小例子：

多年前，我有一个萍水相逢的朋友，在我看来，他是有些写作天赋的，所缺的只是一些指点和引导，可他当时的各种条件都很差，主要是工作比较累。这我可以理解，而且我跟他说，累并不可怕，可怕的是一辈子都这么累。最悲哀的人，是连学习时间都没有的人。如果不想一辈子这么累，那就趁着年轻咬咬牙，强迫自己再累点儿，为学日益，每天进步一点点，挺过这段时间，你就能尝到甜头了。他嘴上答应得很好，但是当我每天晚上出现在他面前想跟他探讨一下时，他却一脸疲惫地对我说："老大，饶了我吧，今天我累死了！"搞得我真不明白是我在跟他学，还是他在跟我学？

还别说，我还真从他身上学到了一些知识，因为我这位朋友经历比较传奇。有一段时间，他出家了，在寺庙里学到了一些"专业"知识。比如有一次他问我，僧人念经时为什么在敲木鱼？我说，可能怕打瞌睡？看上去是敲木鱼，实则是敲打自己。他继续问：为什么不敲牛、敲羊，偏偏敲木鱼呢？我确实不知，赶紧用期待的眼神看着他。他说："那是因为鱼儿是世上最勤奋的动物，整天睁着眼，四处游来游去，睡觉也不闭眼。这么勤快的鱼儿还要时时敲打，何况惰性这么大的人呢？"又有一次，他问我：你知道为什么寺庙的大殿叫大雄宝殿吗？我确实也不知，赶紧又用期待的眼神看着他。他说："大雄其实就是雄狮的意思，雄狮是百兽之王，把供奉佛祖的大殿叫大雄宝殿，就是让弟子们效仿释迦牟尼，勇猛精进。"看时候差不多了，我问道："你勇猛精进不？"他把嘴一撇："你怎么总是哪壶不开提哪壶？"

其实我这位朋友还是挺好的，有很多值得提及之处，但就是因为他"为学日益"这壶水没有烧开，导致他整个人无法跨越知识的台阶，也无法跨越社会的阶层。现在再想学，人到中年，上有老，下有小，势必要面对相较当初更多的困难。

中国人凡事讲缘分，学习也是这样，很多高级别、高段位的知识，确实需要点儿缘分，碰不上那个仙人指路的人，你就是不得其门而入。所以中国的古人才会不惜代价去求教，去求学。但是回到我们的主题，为学日益它不仅是一种积极的学习态度，也暗蕴着知识的规律性与相应的学习方法。很多时候，不学完知识 A，你是不能理解知识 B 的，更谈不上掌握知识 C。万丈高楼平地起，想在知识的大雄宝殿里登堂入室，非得有扎实的基础，然后一步一个台阶的拾级而上才行。至于什么才叫有基础，应该说因人而异，但都少不了一个为学日益、日益为学的过程。

2. 为学日益不等于"为学日记"

2015 年，清华大学经管学院院长姚颖一在采访"钢铁侠"埃隆·马斯克时，问了马斯克一个问题，那就是："光靠读书就可以成为一个火箭科学家吗？"

马斯克答："是的，不过还要进行实验。通过看书确实可以飞速学习，因为所有的信息都在那里。"说完，他讲述了自己的经历。早在 2002 年，马斯克就想造火箭了，于是他去俄罗斯购买，但俄罗斯一贯地狮子大开口，把他当傻大甜，所以他没有买。但在回程中，他就已经开始着手研究自建火箭研发部的框架，并着手招聘工程师，以便自己造火箭了。

后来，他成为了世界上第四个拥有发射宇宙飞船能力的机构，分别是美国、中国、俄罗斯和 spaceX。才干如马斯克，他是如何读书与学习的呢？他的秘诀大道至道："不要尝试记忆，而要尝试去理解。如果你理解了，就自动记住了。"

听起来确实很简单，但简单中蕴含着极大的价值，因为生活中有太多人没有这么做，他们总是试图把信息和事实强行塞进脑子里，特别是学生们，结果就是在不长的时间里就遗忘了其中的大部分。

为了对抗自己的遗忘曲线，很多人还硬生生地把为学日益的古训执行成了为学日记，上学时拼命记笔记，工作后也动辄记笔记，仿佛失去了纸笔，他们就再也记不住任何东西，无法学习，也无法工作。很多公司领导还特别吃这一套，看到有人开会不拿笔记，就以为不尊重他，大动肝火，实在是可笑。

学习也好，记忆也好，都不必拘泥，也都不是终极目的，目的是学以致用。所以有一次，当有人问爱迪生怎么学习、如何思考并记忆、会不会随身携带笔记本时，这位发明大王回答道："我从来不带笔记本，也从来不会记一些书本上已有的东西，我的记忆力是用来记忆书本上还没有的东西。如果你问我声音的速度是多少之类问题，我很难确切地回答你，必须查一下资料才行。"

爱迪生的时代，电脑还没有问世。今天，记忆力再棒的人也比不上一块小小的硬盘。所以，钱颖一教授说："人工智能将使中国的现有教育优势荡然无存。"

钱教授在文章中说：

中国的教育有它的特点，这个特点中隐含了我们的长处。

首先，个人、家庭、政府、社会对教育的投入很大，这个投入不仅是金钱、资源的投入，也包括学生、教师时间的投入。这是由我们的文化传统，由我们对教育的重视程度所决定的。其次，教师对知识点的传授、学生对知识点的掌握，不仅量多，而且面广，所以中国学生对基本知识的掌握呈现"均值高"的特点。

我想，在了解中国教育长处的基础上来反思教育存在的问题，可能更有意义。

我认为，中国教育的最大问题，就是我们对教育从认知到实践都存在一种系统性的偏差，这个偏差就是我们把教育等同于知识，

清华给青少年的一生忠告

并局限在知识上。教师传授知识是本职工作，学生学习知识是分内之事，高考也是考知识，所以知识就几乎成了教育的全部内容。

"知识就是力量"这句话深入人心，但是，创新人才的教育仅仅靠知识积累就可以吗？我的答案是否定的，教育必须超越知识。这是我对创新人才教育的一个核心想法，也是我们提出教育改革建议的出发点。

爱因斯坦的一句话给我留下深刻印象。他在1921年获得诺贝尔物理学奖后首次到美国访问，有记者问他声音的速度是多少，爱因斯坦拒绝回答，他说，你可以在任何一本物理书中查到答案。接着，他说了那句特别有名的话："大学教育的价值不在于记住很多事实，而是训练大脑会思考。"

在今天，很多的知识可以上网查到。在未来，可能有更多的知识机器会帮你查到。所以爱因斯坦的这句话在当前和未来更值得我们深思。

我们知道，人工智能就是通过机器进行深度学习来工作，而这种学习过程就是大量地识别和记忆已有的知识积累。这样的话，它可以替代甚至超越那些通过死记硬背、大量做题而掌握知识的人脑。而死记硬背、大量做题正是我们目前培养学生的通常做法。所以，一个很可能发生的情况是，未来的人工智能会让我们的教育制度下培养学生的优势荡然无存。

不久前，人工智能机器人参加了高考数学考试。报道说有两台机器人，得分分别是134分和105分（满分150分）。这只是开始，据说人工智能机器人的目标是到2020年能够参加全部高考。所以，经济发展需要"创新驱动"，人工智能发展势头强劲，这些都让我们认识到对现有教育体制和方法进行改革的迫切性。

......

那么答案呢？钱教授在另一篇文章中讲到，"要从知识积累到学会思考"，尽管"这中间需要艰难的一跃"。孔子也说过，"学而不思则罔，思而不学则殆"，学而不思的人，知识与信息可能都不少，但没有头脑，无法独立思考，再多的知识也派不上用场。当然思而不学也不好，这类人通常没什么知识，却整天在那里胡思乱想，知识不够，怎么可能想通呢？另外，思考不仅是人类相对于 AI 为数不多的优势，有时候还应该先置先行。以马斯克为例，他是先思考了造火箭的问题呢？还是先学习的相关知识呢？但又不能这么绝对，马斯克思考造火箭的问题时，之前肯定学习过很多看似不相干实则错杂纠缠的知识。这个过程，既不是单纯学习相关知识的过程，他也不会拒绝在思考相关问题的同时继续学习；就包括我们前面提到的记笔记，又有什么绝对不可以的呢？它实则是一个边学习、边思考、边修正的过程，这才是真正意义上的为学日益。

第四份忠告：为道日损

1. 先做加法，再做减法

清华名宿、著名数学家陈省身先生讲过一句话，他说："一个人一生中的时间是个常数，能集中精力做好一件事已经很不易，多一些宁静，比什么都重要。"怎么理解这句话呢？看看他的故事，我们就明白了。

陈省身原籍浙江嘉兴，后举家迁至天津。1926 年，他考入南开大学，4 年后毕业，到清华大学任助教。同时攻读清华大学的研究生，师从中国微分几何先驱孙光远，1934 年毕业，成为中国自己培养的第一名数学研究生。后来，他前往德国汉堡大学学习，师从著名几何学家布拉希开。毕业后又前往法国巴黎，师从嘉当，继续研究微分几何。抗日期间，陈省身回国，先后受聘于清华大学与西南联大。1949 年初，陈省身应美国普林斯顿高级研究所所长奥本海默之邀，举家迁往美国，先后在芝加哥大学与加州大学伯克利分校任教，直到 1980 年退休为止。

由于他一生中大部分时间都在国外，所以此前很多不知道陈省身其人。我们都知道的是数学家华罗庚、陈景润，其实在那之前，陈省身早已在国际上声名鹊起。国外有些数学百科全书认为，陈省身先生在 20 世纪所有数学家中的排名为第 31 位，相应的，华罗庚排在第 90 位，陈景润只进入了前 1500 名。杨振宁也认为，陈省身是继欧拉、高斯、黎曼、嘉当之后又一里程碑式的人物。

言归正传，陈省身先生当初选择数学为终身追求，也是做地一番计算的。9 岁的时候，他已经能做相当复杂的数学题，并且擅于写文章。老师出题做作文时，一个题目，他能写出好几篇内容不同的文章。同学找他要，他自己留一篇，其余的都送人，结果自己留下的那篇得分最低。他喜欢读《封神榜》和《说岳全传》等书，图书馆是他最爱去的地方。他还喜欢打桥牌，且牌技极佳。惟一的不足是他不喜欢运动，这连带着他也不喜欢动手做实验，所以他入学后，很快权衡自身优势与不足，放弃了之前的计划——攻读物理，转而进入数学系。

多年以后，已经成为著名数学家的陈省身说过："学问是年轻人做的，年轻人做学问应该去找这方面最好的人。"这不失为仙人之路。俗话说，男怕入错行，陈省身并没有入错行，擅长做加法也擅长做减法的他，勇敢地摒弃了文学、物理与化学等领域，只身向着数学的殿堂进发。怀揣数学梦，他从南开到清华，又从清华到德国，身份也逐渐从学生转变为助教与教授，但这离他的目标还太远，离欧拉、高斯、黎曼等前辈的身影还太远。关键时刻，他认识了嘉当。在 1936 年至 1937 年间，陈省身在嘉当那里从事研究，嘉当每两周约他去家里谈一次话，每次一小时。这短短的一小时，却有着"听君一席话，胜读十年书"的效果，大师面对面的指导，让陈省身终身受益，并且在多年以后与恩师及欧拉、高斯、黎曼等人并列跻身。

93 岁那年，陈省身曾在一次演讲中缅怀过自己的恩师嘉当。他没讲嘉当的数学成就，而是讲，"我的老师 62 岁才当选法国科学院院士"，"我们国内现在对当院士、得奖很注重，这种现象都是媒体炒起来的。而一个数学家真正有建树的工作，媒体是没法讲出来的"。陈省身说："我跟他（嘉当）去做工作那年是 1936 年，那年他 69 岁，除了在巴黎大学做教授，还在很小的学校教书。他这个人对于名利一点儿都不关心。普通人对他的工作、对他本人不是很了解，只有当时最有名的数学家欣赏他。所以，他的名望是在去世之后才得到的，人们因为他的工作才记得他的名字。"同时他还提到了黎曼，"他的一生就没有得过任何奖"，"数学家主要看重的应该是数学上的工作，对社会上的评价不要太关心"。

其实，这句话又何止适用于数学家呢？

应该说，一个人能够成"家"，本身就已经值得敬佩与祝贺的了。但是，泰戈尔说过："当鸟翼系上黄金，它就飞不远了。" 诺贝尔文学奖厉不厉害？但经于许多作家来说却是"死亡之吻"，诺贝尔奖的获得使许多作家沉溺在巨大的荣耀之中，无法摆脱束缚，不再有创造的动力，甚至全身心的迷失。最有名的两个例子，就是川端康成和海明威，他们都是诺奖获得者，都是自杀身亡。

古人云："天下熙熙，皆为利来。天下攘攘，皆为利往。"追求名利是俗人的常态，但人活于世，不能被"名利"二字一叶障目，更不能被名利套牢。

老子说："为学日益，为道日损。"这八个字被誉为经中之经，它们是老子的哲学精髓，也有极强的实用价值。什么是幸福？很多人拥有了华服广厦、功名利禄，也依然不能感受到幸福。因为真正的幸福是超越物质的，甚至是反物质的。所谓为道日损，损的，正是以过重的物欲为背景的名利之心，也就是各种欲望。

当然，老子既然把"为学日增，为道日损"这两句话放到一起说，也是因为它们相辅相承，不可偏废。人生下来时，空空如也，白纸一张，所有的一切都是别人和自己加上去的，包括知识、财富、经验、体验等，他不能不学，社会也要求他好好学习，天天向上。这个加法是必须得做的，做得不好都不行。但在此过程中，他不可避免地会受到各种世俗的观念影响，每天都会面对各种各样的诱惑，金钱、美貌、虚名、实利，应有尽有，每天都会在不知不觉中受影响，所以才要"日损"。

当然，人生是一场混合运算。仅仅是为了做加法，有时候我们也需要先做减法。下面这个脑筋急转弯，说的正是这个道理：

某公司招聘部门经理，给每个应聘者提了这样一个问题：

在一个风雨交加的晚上，你开着一辆车经过一个车站，车站上有3个人正在等公共汽车，都非常希望能搭你的车。其中一位是医生，救过你的命；一位是美女，像极了你的梦中情人；还有一位是老人，由于等车时间太久，心脏病突发，必须立即送往医院。但你的车只能捎上一个人，这时候你应该怎么办？并说明理由。

大多数应聘者都选择了让老人上车——因为老人快要死了，救人要紧。

感恩型的应聘者认为，应该让医生上车，因为他救过自己，这可是报答他的好机会。

也有人提出让美女上车，他们的理由是：医生可以改日再报答，生病的老人可以由其他人送往医院，美女却可遇而不可求，所以不能错过。

最终，只有一位年轻人被录取。他的答案只有三句话："把车钥匙给医生，让他带老人去医院，我陪梦中情人等公交车。"

不得不承认，这是最好的答案。那么，大多数人为什么没有想到呢？关键就在于，他们从一开始就没有考虑过做减法，不懂得暂时放弃自己的车钥匙，只是一味地想着如何在现有的基础上再获得些什么。

2. 功利主义与"功利境界"

看完数学家陈省身先生的故事，我们再来讲一个与数学家有关的小笑话：

有个数学家想建一所房子，去砖厂买砖。他问："砖怎么卖的？"砖厂的负责人说："两角钱一块，买得越多越便宜。"数学家听了笑道："那好，给我装车吧，装到不要钱为止！"

现实之中，是不存在这样的数学家的，这个笑话讽刺的只是那些沾便宜没够的人。不过，你仔细看看自己的身边，这些年生活中是不是多了很多明明学的是别的专业，但表现出来却非常像数学系或经济系毕业的高材生的人？

无须讳言，这与我们的教育大背景有关。这样的教育大背景，还引发了一系列错综复杂的问题，比如最近沸沸扬扬的华为"断供"事件。

用清华大学科学史系主任吴国盛先生的话说，它体现的是中美之间真正的差距，也就是科技实力的差距。对此，国人应该要有一个清醒的认识。

吴教授在文章中指出：

现代科学的发展，是一个立体架构，包含着三方面：一是基础研究，二是应用研究，三是面向市场的开发研究。一个国家的综合科技实力，也是由这三个方面所决定的。但凡有一项存在短板，那么它的科技实力就是偏颇的。

二十世纪3个伟大的发现，无线电、计算机和互联网，为什么都出现在美国？一个重要原因就是它的基础、应用以及开发研究都非常强大。尤其值得一提的是，在基础研究方面，美国一直保持着高度关注并不惜重金投入。那为什么美国这么重视基础研究呢？因为他们知道，基础研究决定了它在原创科学研究领域的发展水平，决定了它能诞生多少原始创新，当"原始创新"不断滚雪球壮大，后面的应用和开发研究也会随之壮大。如此一来，美国的科技实力自然会日益增长。

而中国的短板，恰恰就在于对基础研究和基础学科缺乏正确的认识。我们的文化中，缺少对科学、真理和创造的支持。整个近代史和现代化转型中，我们所强调的科学，很少单纯地是为了追求真理、展现个人创造力、好奇宇宙的奥秘，大部分强调的是为了救国救民、为了振兴中华、为了一些文化诉求。这就导致我们更多的会从一种功利角度、实用角度来看待科学。

在一些人看来，你搞科学，要么像陈景润一样为国争光，要么像钱学森一样保家卫国，要么像袁隆平一样解决吃饭，什么效果都没有，那还能叫科学？所以，我们的科技创新，从骨子里就包含着"应用性目的"。这几年科技领域的创新，尤其如此：像国家看准的，以国家财力为支撑的，集中力量办起来的工程，它们的发展都是比较明显的，比如我们的高铁、航空航天。但如果缺少了基础研究的部分，我们更多的还是偏向于一些追赶型的科技创新，也就是在别人已有的技术基础之上做一些局部突破，反正目标在那，不惜代价，举国之力，大概怎么都能取得一些成绩。

可真正的原始创新是需要想象力的，基础研究薄弱，我们的原创能力就始终上不来，就好比别人是从头做起，而你只能拿过来做一些局部上的改进，但这是暂时的、是不可持续的。从长远来看，中华民族要实现可持续发展，就必须培育起我们的科学文化。而在中国文化里，很容易把科学和技术相等同。其实这二者有本质的区别：技术其实是一个重赏之下必有勇夫的事情。而科学则是含有创造性的，最终是根植于人性自由的维度，没有自由发展的个性，没有自由的空间，创新和创造就是无本之木，无源之水。这需要教育界、科学家们，以及全社会的共同努力，而其中最大的症结就是功利主义。

在当下，社会中广泛存在的功利主义，对于创新的氛围是一种极大的损伤。

从科学的根本来说，一切创造性的发现和研究本质上都是非功利的。保持一颗超越功利之心才能进入创造的状态，不能老想着做出来有什么好处，有什么用处——因为有好处的事情都是根据既往的经验总结出来的，而创造性是要打破既往的约束，开拓出新的东西，所以功利心太重了不可能做出非常好的创造性工作。而这一点也是中国的文化比较欠缺的一部分，我们功利文化的倾向实在太重了。

我举一个最典型的例子，学术共同体内部的荣誉头衔，其实就是人为制造的一种科学界功利系统。一些发达国家科学的发展中也有荣誉系统的存在，但它是科学共同体自发组织起来的。打个比方，西方评奖走的不是申报制度，没听说需要哪个诺奖得主先填写一张申请表。而中国的奖项基本都要事先申报，是求出来的，在我看来这就是一种人格侮辱，因为申报本身就把一个科学家变成了功名利禄之徒。而且申报往往还会造成浮夸的风气，就是自己吹自己，科技界和学术界也有很多例子，一些造假的事件不就是这么来的吗？明知是假的也要吹，吹着吹着自己就当真了，最后造成了很恶劣的影响。

另外，我们在评奖的时候还要讲究地区平衡、行业平衡以及人际关系平衡，长此以往，你获了奖大家也不会认为你真的达到某个水平，而是归为平衡的结果。这里面往往还存在一些诀窍，以至于有些人就专门玩起了这种奖，比如相互串通，这次你评我，下次我评你，完全起不到什么激励的作用了。

显然，对于科学界的奖励机制本身就是一个很大的问题，如果这个奖不是超功利之心颁发出来的，而是平衡出来的，不是你凭真才实学得来的，而是单位帮你跑来的，那这个奖还有什么意思，它只能代表功利意义，而非荣誉意义。

所以一有机会我就讲，我说评奖这个过程能不能不要让人申报，这一申报就变了味，我们可以让专家来提名，然后内部讨论，慢慢地让这个奖形成口碑。而现实却是，明知很多国家奖是平衡出来的结果，我们在学科评估和高校排名时往往还只认国家奖，这不是进一步强化了功利的目的了吗？你做科学不是为了追求真理，你获得荣誉也不是因为人们认识到了你的真理而向你由衷的致谢，当科学研究变成一个赚钱的生意时，民族还能有什么希望？

中华民族肯定是有希望的，相应的改革也早就悄然拉开了序幕。以前面介绍过的清华大学经济管理学院院长钱颖一为例，他回家担任院长已十多年了，但在此期间，他没带过一个博士生，也没申请过一项科研经费，全部精力几乎都用在了清华经管学院的教育改革上。

举个通俗易懂的例子，从 2013 年起，清华经管学院本科新生在收到录取通知书时，都会收到一张由钱颖一院长亲笔开出的书单，包括哈佛大学原校长博克的《回归大学之道》、戴蒙德的《枪炮、病菌与钢铁：人类社会的命运》、何兆武的《上学记》，等等，除了一本《魔鬼经济学》，这些书都与经济专业无关。再打开这所拥有最热门专业的学院的本科课程表，更是让人瞠目结舌——140 个总学分中，专业课只有 50 个学分，通识课高达 70 个学分，另 20 个学分是任选课。

为什么要这样？

钱颖一摇身一变，以哲学家的口吻说："你还能找出比我们学院更'功利'的领域吗？但恰恰是在这个最'功利'的学院，我们在推行最不'功利'的教育。"

看似所问非所答，其实明眼人一看即知：如果再这个无比功利的领域再推行最功利的教育，这个浮躁的社会还能有些许的平静吗？

当然，社会一向浮躁。苏东坡有词云："常恨此身非我有，何时忘却营营？"追求名利、注重功利也不一定就是坏事，总不能让所有人都去修仙访道。在遥远的宋代，像苏东坡这样的高人，也是难以忘却营营之心的。"营营"也没关系，只要不堕落成"蝇营"就行。如果我们从学术角度来探讨所谓"功利主义"的话，还能更心平气和一些，因为功利主义的本质其实是效率主义，社会的丰富度，民众的幸福度，都离不开生产力，而生产力又不能不讲效率。当然了，讲效率与讲功利毕竟是两回事，我们要在明确这个事实的基础上，适当讲效率，讲功利。

另外，清华名宿、著名思想家冯友兰先生，曾在《人生的境界》一文中把各种不同的人生境界划分为四个等级，从低到高，分别是自然境界、功利境界、道德境界与天地境界。何谓功利境界？冯友兰先生的原文是："一个人可能意识到他自己，为自己而做各种事。这并不意味着他必然是不道德的人。他可以做些事，其后果有利于他人，其动机则是利己的。所以他所做的各种事，对于他，有功利的意义。他的人生境界，就是我所说的功利境界。"我们不必掉在细节里，死抠文字与标点，我们甚至可以适当延伸一下：既然一个人处在功利，也并不意味着他必然是不道德的人，那适度功利也没什么关系。当然，如果能在冯先生的"功利主义"的基础上，再有点儿普遍意义上的境界，也就是再多减损一点儿自私与欲望，无疑是更好的、更完善的"功利境界"。

第五份忠告：独立自信

1. 把好自己的方向盘

在清华学子中，流传着这样一个小故事：

一架轻型飞机飞行途中失事坠毁，机上原有一位驾驶员、一位空中小姐，还有一只要赶场表演的猴子。驾驶员、空中小姐都不幸罹难了，只有猴子侥幸逃过一劫，而且毫发未伤。

调查人员急切想了解飞机失事的原因，所以就从猴子身上着手调查。由于这只猴子聪明异常，又受过一些训练，对于人类的语言多少可以了解其意。于是，调查人员先向它问起了飞机起飞时的状况。猴子边叫边指着驾驶舱，然后比划出驾驶飞机的滑稽动作。再指着空中小姐，装模作样做出端盘子正在服务的姿态。最后指着自己，表示乖乖地坐在座位上。

"飞机怎么失事的？"见猴子提供了这么多宝贵的线索，调查人员很兴奋，立即追问它。猴子立即指着空中小姐，比划出一副很陶醉忘我的样子。调查人员不解其意，叫它赶快说出当时驾驶员在做什么？猴子双手装出被人拥抱的姿态，嘴巴做成亲嘴状，露出亲热的表情，并发出"喳喳"的声音。

"那时你在做什么？"其中一个继续问。

猴子立刻肃然端坐，正儿八经地比划出双手操纵方向盘的样子。

这个小故事告诉人们，人要掌握好自己的方向盘，否则就会失去自我,迷茫无定,危机重重。常听人说:"我这简直是戴着镣铐跳舞",其实,一个人之所以会戴着镣铐跳舞,很大原因还在于他没有自主性。没有人逼着我们戴上镣铐,加入群舞,但现实生活中的很多人就是习惯不了独舞,习惯不了按照自己的节拍起舞。

就比如,世人皆知,清华北大乃中国名校,也没有人不想把自己的孩子送进清华北大。但世界那么大,不一定要上清华北大。以《北京折叠》知名的科幻作家郝景芳也曾经很现实地说过:"我和先生是清北毕业,但我们也知道,现在的孩子考清北比我们那个时候困难了太多,几乎不敢期待孩子同样能上清北。那么能不能接受孩子上一个很普通的大学?想了很久,我觉得我能接受。"

人不能活在所谓的鄙视链中,人要活在精彩中。精彩如著名影星林青霞,也曾经说过:"从影22年,我演过无数角色,从飘逸的清纯玉女演到刀里来剑里去的男人,从《窗外》演到《东邪西毒》,整整演过100部戏、100个角色,但我认为最难演同时也是自己最想演好的角色就是我自己,但是我演自己演得最差,基本上就是坐在这里说一个很烂的演讲。"

漫画家朱德庸也很精彩吧?但那是成名成家之后。在之前,他是一个典型的差生,甚至差到了像个皮球似的被学校踢来踢去,到最后连最差的学校都不愿意接收。回想起那段日子,朱德庸说:"我的求学过程非常悲惨!学习障碍、自闭、自卑,只有画画使我快乐。外面的世界我没法待下去,唯一的办法就是回到自己的世界,因为这个世界里有我的快乐。在学校里受了老师的打击,我敢怒不敢言,但一回到家我就拿起笔丑化他,然后心情就会变好……开始我也像老师一样认为自己很笨,后来才明白自己不是笨,是有学习障碍。我发现自己天生对文字反应迟钝,接受起来非常困难,但对图形很敏感……幸运的是,我的父母从来不给我施加压力,一直让我自由发展。见我喜欢画画，爸爸经常裁好白纸，整整齐齐订起来，给我做画本。如果我的父母也像学校老师一样逼我学习，那我肯定要死。每个人都有天赋，但有些人的天赋被他们的家长和社会环境遮盖了，进而就丧失了。我很感谢我的父亲，在我把全部精力投入绘画时，父亲非但没有阻止，反而大力支持我。"

朱德庸说："我相信，人和动物是一样的，每个人都有自己的天赋。比如老虎有锋利的牙齿，兔子有高超的奔跑、弹跳能力，所以它们能在大自然中生存下来。人也是一样的，不过很多人在成长过程中把自己的天赋忘了，就像有的人被迫当了医生，他可能是怕血的，那他不会快乐，更不会成功。人们都希望成为'老虎'，但很多人只能成为'兔子'，久而久之就成了'四不象'。我们为什么放着很优秀的兔子不当，非得要当很烂的老虎呢？社会就是这奇怪，本来兔子有兔子的本能，狮子有狮子的本能，但是社会强迫所有的人都去做'狮子'，结果出来一大批烂'狮子'。我还好，天赋或者说本能没有被掐死。"

不妨再把那个老生常谈的笑话拿出来谈一谈：

父子二人骑驴去赶集。父亲怕儿子累着，就让儿子骑驴，自己走路，路人见了纷纷议论："这儿子真是不孝，自己骑驴，让老爸走路。"父子俩赶紧对调了一下，可路人还是议论纷纷，说这当老人的真不像话，自己骑驴，让小孩子走路。算你狠！父子俩一商量，说那我们都骑驴吧，看他们还说什么。没想到路人还是有话说——说他们虐待动物——那驴子又不是很大，两个人骑上去还不得把驴子压死？真是没人性。父子俩只好跳下驴子，一起步行，结果还是有人说：傻冒儿年年有，没有今年多，这俩人有驴不骑，自己走路……

这个笑话不仅说明了无论我们怎么做，群众都有话可说，也说明了中国人无论做什么事都很在乎别人的看法，很怕别人说。别人一说，他们就好像被别人的嘴巴遥控了一样，积极配合、热烈响应，以期得到别人的认可，而且是越广泛越好。仿佛别人不认可他他就绝对不好，别人一认可他他就真的很棒。事实上怎么可能呢？走自己的路，让别人说去吧！——这是意大利诗人但丁在《神曲》中的名言。面对抉择时，一定要做好自己，而不是在世俗的眼光中扼杀自我。

挪威剧作家易卜生有句名言说："人的第一天职是什么？答案很简单，做自己。"是的，做人首先要做自己，首先要认清自己，把握自己的命运，实现自己的人生价值。你不是宇宙的主宰，甚至都不能成为一个家庭的主宰，但每个人都应该是自己的主宰。

2. 独立之精神，自由之思想

"独立之精神，自由之思想"，这是清华四大哲人之一的陈寅恪的名言，其原文是"先生之学说，或有时而可商。惟此独立之精神，自由之思想，历千万祀，与天壤而同久，共三光而永光"，其背景则是国学大师王国维之死。

简单来说，就是陈寅恪认为，即使是名满天下的王国维，其学说中也有错误，但这些可以商量，可以探讨，重要的是王国维的独立精神与自由思想，对于研究学问非常重要，值得学习。这涉及到王国维非比寻常的学术道路，一来他虽然学贯中西，但最主要的成就还是在史学及其延伸领域，用郭沫若的话说，他是新史学的开山；二来王国维这个人平生学无专师，自辟户牖，什么东西都是自己琢磨出来的，这没点儿自由意志与独立精神是不行的。陈寅恪这么写，主要是想借此昭示天下后世研究学问的人，特别是研究史学的人，要有自由的意志和独立的精神，否则就不能发扬真理。

陈寅恪是在缅怀王国维，也是在书写他自己。可以说，陈寅恪如果担不起"独立之精神，自由之思想"这十个字，能担得起的人也就不多了。

陈寅恪是中国现代最负盛名的集历史学家、古典文学研究家、语言学家、诗人于一身的百年难见的人物，其父陈三立是"清末四公子"之一，祖父陈宝箴曾任湖南巡抚，出身名门，又学识过人，所以在清华任教时被称作"公子的公子，教授之教授"。他从小接受家学，打下了深厚的国学底子，长大后又先后留学日本、德国、瑞士、法国、美国，拥有阅读梵文、巴利文、波斯文、突厥文、西夏文、英文、法文、德文八种语言的能力，用功至勤，见解又深，为人还极谦和，所以他在清华、北大时，只要是他开坛讲课，总是人满为患。他讲课也极有特点，"前人讲过的，我不讲；近人讲过的，我不讲；外国人讲过的，我不讲；我自己过去讲过的，也不讲。现在只讲未曾有人讲过的。"当真是一代宗师。所以他上课时，学生云集也就罢了，许多知名教授如朱自清、冯友兰、吴宓等人，也会不约而同来蹭课。

在当时，整个华北学术圈分为本土派与流洋派。本土派认为，流洋派不懂国情，学问再高，也是隔靴搔痒，解决不了中国问题。留洋派觉得本土派太迂腐，眼光太狭，不掌握现代化的工具，能做的了什么？因而两派互相瞧不起。但不管是哪一派，谁都不敢瞧不起陈寅恪，这在学术界堪称传奇。

新中国成立前夕，陈寅恪任教于广州岭南大学，时任中央研究院历史语言研究所所长的傅斯年先生力邀其赴台，被陈寅恪拒绝。因为他一生不涉足政治，但有强烈的爱国情怀。后来，岭南大学与中山大学合并，他也移教于中山大学。再后来，陈寅恪在清华时的学生汪籛曾带着郭沫若和李四光的亲笔信，南下广州中山大学，请老师北上出任中科院历史所二所所长。陈寅恪说："你不是我的学生。"然后，由他口述，由汪籛执笔，写下了一封回信，即《对科学院的答复》。信中明确写道："我认为不能先存马列主义的见解，再研究学术。我要请的人，要带的徒弟，都要有自由思想、独立精神。不是这样，即不是我的学生。你以前的看法是否和我相同我不知道，但现在不同了，你已不是我的学生了，所有周一良也好，王永兴也好，从我之说即是我的学生，否则即不是。将来我要带徒弟也是如此。"又说："我从来不谈政治，与政治决无连涉，和任何党派没有关系。怎样调查也只是这样。"

文革开始后，万马齐喑，知识分子连保持沉默的权力也没有。陈寅恪和他的"独立之精神，自由之思想"尤其显得格格不入，使他遭受了残酷折磨。更伤心的是，他珍藏多年的大量书籍、诗文稿，多被洗劫。1969 年，陈寅恪与夫人唐筼相继谢世。二人的骨灰先是寄存在火葬场，后又暂存银河公墓。直到 34 年后，才与夫人合葬于庐山植物园。在墓碑旁的巨石上，有著名画家黄永玉书写的"独立之精神，自由之思想"十个大字。真的想不到，75 年前他给国学大师王国维的挽语，最终成了他自己的墓志铭！也只有经历过这些，读懂了这些，我们才能明白，为什么陈寅恪要坚持"独立之精神，自由之思想"。毫不夸张地说，这也是陈寅恪以及清华人给我们年轻人乃至所有中国人，留下的最为珍贵的礼物，没有之一。

第六份忠告：勇往直前

1. 剽悍的人生不需要解释

十几年前的一天，雅虎创始人杨致远在某地开完一次行业会议后，与几个同事向电梯走去。谁也没有注意到，一个尾随着杨志远走向电梯的陌生小伙子正在酝酿着一次传奇。只见杨志远刚进电梯，小伙子便一个箭步冲进去，然后迅速按下了电梯的关门电钮。急得杨致远对着他大喊："我的同事还没进来呢！"小伙子将一份准备好的计划书递到杨志远面前，杨致远这才恍然大悟。他接过计划书，看了看，然后递给小伙子一张名片，说："我回去好好看看，回头答复你……"

尽管杨致远回去之后就没了回音，小伙子却没有就此止步。不久，他的执着和勇敢就得到了回报。一位民营企业家力排众议，置董事会决议于不顾，坚持将100万元的风投打到他的账户上。一颗不安分的心从此如鱼得水，很快，这个小伙子就跻身财富新贵，身价一路狂飙。

这个小伙子，就是 MySee 直播网的创始人高燃。这是个颇有传奇色彩的人。最初的高燃毕业于一家中专院校，毕业后便南下深圳打工，半年时间他就坐到了公司管理层的位置，月薪 5000 元。即使在今天，这也不算太低。而他当时只有 17 岁。但与此同时，他做出了一个惊人的决定——回高中当插班生，准备参加高考！而且要考一流大学，非清华、北大不入！

多年以后，高燃在接受专访时说："当时没有人对我有信心。除了我自己，世界上没有人对我有信心，包括我的父母。当时我爸妈说，你要读，你去读，我们没钱，你去读好了。我爸妈，我知道，我非常了解他们，这已经是他们能够承受的极限了，农村里读高中要花很多钱，上大学要花更多的钱，在我们家乡，谁家拥有一个大学生，谁家一定是住最破的房子，过最差的生活，我爸妈觉得，你每个月能挣5000块钱，已经熬出头了。我说我要读书，他们觉得有点承受不了。我就告诉他们，我要考清华、北大，我说我别的学校都不考。这更让他们质疑我了，因为当时距离高考只剩半年时间，而我之前并没读过高中。最郁闷的是，没有学校肯收我。因为我没读过高中，学校认为我不可能考上大学，而这必然影响学校的升学率……"

好在高燃相信一句话：剽悍的人生不需要解释，只需要行动！经过数趟奔波，终于有一个学校收下了他。第一次月考，他考了个全班倒数第二；第二次月考，他便上升为全班第一；第三次月考，则是全市第一；半年后，他考上了清华大学，在家乡引起轰动！

毕业后，他进入报社做记者。仅仅4个月，他就成了报社最出色的记者之一。但没过多久，他又躁动起来。他不想和身边的同事们一样，日复一日的做着没有激情的工作，那不是他的梦想。他决心创业，并写出了一份商业计划书，于是就有了后来在电梯中堵截杨志远的一幕。

如今，Mysee早已关站，高燃也早忆切换了人生赛道，由一名创业者转变成投资人。但他身上的霸蛮气不改，谁知道哪一天，又会在哪个领域，看到这个被媒体称为"中国最年轻最活跃的青年创业家"的身影呢？

高燃的故事我们就讲到这里，我们讲讲"剽悍的人生不需要解释"

这句话的出处。这句话最初出自罗永浩之口。这是一个比高燃更加传奇的人物，高中辍学后，曾摆过地摊、开过羊肉串店、倒卖药材、做期货、销售电脑配件、从事文学创作，也曾两度担任中国年度十大风云人物。2001年至2006年，在北京新东方学校任教，其教学风格幽默诙谐，且极具感染力，所以极受学生欢迎，他的一些经典话语于2003年左右流传到了网上，旋即被冠以"老罗语录"之名，风靡大江南北，"彪悍的人生不需要解释"就是其一。2012年4月，罗在其微博高调宣布要进入手机领域，引发社会广泛关注，网友们对其"锤子手机"骂声一片，还有一位同行即时写了一篇广为传颂的博文——《乔布斯重新定义的手机，罗永浩重新定义了SB》！一笑之余，我们其实应该认识到，至少在精神上，罗永浩与乔布斯是同一类人。尤其值得佩服的是，当命运一锤定音，再次宣告了他的失败，并且欠债高达6个亿之际，他再次转身，杀入了直播界，短短两年时间就还清了4个亿！尽管这当中包括他卖掉手机团队和相关知识产权获得的1.8亿，以及参与做另一家公司赚的钱。他在某节目中预测，未来一年，不出意外情况的话，差不多能把债务全部还清。我们也期待着这一天，期待着老罗早一点满血复活，给我们带来更多精彩。

名满天下，谤亦随之。罗永浩没少挨骂，被骂得狗血喷头都是常态，以至于靠粉丝活着的罗永浩，曾一怒狂删两万人。正如一位名叫"魏未未"的网友所说，罗永浩之所以被骂，在于很多人认为他是个自吹自擂的跳梁小丑。但我们不得不承认的是，他还是一个拥有极强的行动力、演讲能力、煽动力、创造力、个人魅力及社会责任感的胖子。

无独有偶，与这位网友仅一字之差的罗永浩的好友、著名诗人艾青之子、艺术家艾未未，也曾对《中国企业家》的记者说过，"他是普通人里面完全凭借自己的能力和智慧走向成功的范例，这对年轻人是一个鼓励。老罗完全是个从'垃圾坑'里爬出来的人。他出生在吉林延边一个小县城里，他的人生是一部典型的小镇青年励志片。他浑身泛着叛逆气息、以斗士的姿态嘲弄与迎战不公正的社会秩序，并且成功。他让正在从'垃圾堆'往外爬的年轻人们觉得自己前途有望。而那些已经被生活击碎了雄心、甘于埋没在'垃圾堆'终此一生的平凡青年，对这个替自己圆了梦的人更有复杂的感情"。

往深层次里说，罗永浩被骂，或许是在劫难逃。网络本是是非地，他又不是个善于掩藏锋芒的人。反过来说，网络上也有很多人喜欢他不是么？人们喜欢他的勇敢，喜欢他的勇敢，喜欢他的剽悍。他又是怎么定义自己的呢？2016 年，他在清华大学演讲时，话糙理不糙地说："我从来不觉得我有多么的勇敢，我只是有一点点勇敢，只是在普遍怂货的情况下你才会显得非常勇敢。就好像你生理上只是正常，但在一群阳痿面前你就是一个猛男。我做企业时候的感想也是差不多的，我们并没有做出什么特别优秀、特别牛的东西，我们只是做到了一些基本的东西，然后就卓而不群了，因为大多数人连最基本的东西都做不好，就是这样。"

在演讲的最后，他也不忘以自己一贯的幽默结尾："刚才在现场所有打嗑睡的和表现出不耐烦的朋友，都会在接下来的几天内收到我的饭局邀请，我由衷地感谢你们。至于那些开心的，你们赚了，是吧？我们今天就到这里，谢谢大家！"

2. 爱你的爱，崇拜你的崇拜

"爱你的爱，崇拜你的崇拜"——这是 2009 年清华大学时代论坛专场——李山先生专场讲座的主题。李山是谁？他有过怎样的追梦之旅？又能给时下的年轻人带来哪些指引？我们一一道来。

曾经的李山，与现在的李山，都有一大堆头衔，比如清华大学学士、加利福尼亚大学经济学硕士、麻省理工学院经济学博士、美国雷曼兄弟公司中国业务董事总经理、高盛投资银行国际经济学家和投资银行部执行董事、中银国际总裁、中国留学人才发展基金会副理事长、清华大学中国经济研究中心副主任、"中国十大金融风云人物"、搜房网创始人、三山香港合伙人等。最初的李山，却只是四川省威远县一个名叫山王村的小村庄的普通男孩，因为村庄叫山王村，母亲又是山城重庆人，李山因此得名。

李山出生于1963年，从小学开始就成绩出众，在班里总是拿第一，但由于家庭出身问题，小时候常受欺负，因此他的性格格外自强，从小比其他人付出更多。通过他的舅舅，一位老清华，李山上中学时就对这个著名的学府心驰神往。而通过自己的努力，他最终拿到了清华大学的录取通知书。1981年，他取得了两个第一：四川威远县高考第一名，与四川威远县首位考上清华大学的人。

在清华，李山这匹千里马遇到了更好的伯乐。在饱读万卷书的同时，他也想走出象牙塔，去大千世界看一看。没有钱怎么办？学习经济管理的李山看到国外打广告的方式，灵机一动，拉了三个同学，写信给几十家自行车厂商称，打算骑车下江南，为他们作广告，此举得到了广泛回应。最后，他们选择了鞍山自行车厂。路费不够怎么办？这难不倒李山，他看到校学生会为了给学生谋福利，从厂家直接购进笔记本、活页夹等文具用品，但造成了大量积压，于是决定全部盘下来，然后他们几个骑着自行车，跑遍了北京几十所高校，进行推销。凑足了盘缠，又经过一段时间的体能训练，万事俱备，他们出发了。先从北京骑车到上海，然后再乘船到大连，最后从大连返回，行程共计42天。一路上，他们遭遇了各种艰难险阻。一回来，马上成为了新闻人物。"我也许可称得上是清华学生参与社会实践的先驱了。"多年以后谈起此事，李山还感到十分自豪。

接下来，就是在做大官与做大事之间做抉择了。那个时候，大学生都是包分配的，像李山这样的好材料更是各处抢着接收。但李山在图书馆读清华校史时看到过老校长梅贻琦的一句话，"清华学生但求做大事，不求作大官"，这让他感触很深。反复思考后，他认为他山之石，可以攻玉，应该像钱学森那样，先去国外留学，再回国为民族做出重大贡献。于是他选择了出国留学。

到美国后，李山基本上身无分文，学费和生活费都没着落，但幸运地得到了清华经济系老校友沈宗沅教授的无私帮助。同时他也自谋出路，申请作助教，同时疯狂学习。尽管他的英语基础很差，但第一学期结束时，他还是成了班上成绩最好的学生。这也使得他申请到了加州大学的最高奖学金——校董会奖学金，他也是首获殊荣的中国大陆留学生。

但一年后，他回清华拜访自己的导师邵斌先生，还是有深深的忧虑：感觉自己在国外没有学到真经，转校继续读书，又会耽误时间。邵老师建议他："如果转学，就去麻省理工或哈佛，二流大学就不用去了。"一回美国，李山就申请了麻省理工。但费尽力气进入麻省理工后，李山发现，自己再次面临着没有学费和生活费来源的困难。因为系里要求学生们专心读书，在通过博士资格考试前，不能作助教等工作。好在系里每年有两个名额的奖学金，李山赶紧去游说系主任，说他作为一个堂堂的中国留学生，很惭愧来请求这笔奖学金，但如果得不到，无法继续深造，他将失去用一流的经济学知识去改变中国面貌的机会。他告诉系主任，自己毕业后将回国投身建设，以后中国发展了，中国学生将带着自己的钱到美国来留学，今天此举正是为了今后中国来的学生们再也不用为学费而发愁。结果他成功拿到了这笔奖学金。若干年后，李山任总裁的中银国际则独家赞助了麻省理工学院的首届中国周活动。

长话短说，1998年，在学业与工作上都取得了佳绩的李山，放弃了自己在高盛的巨额股份，应朱镕基总理的邀请，回到中国，几度出山，又几度踏上归途，一次次洗尽铅华，又一次次浴火重生。2016年，在接受经济管理学院的学弟万军的采访时，李山说，自己是幸运的，因为尽管不少人职位高、财产多，生活却不一定快乐，而自己更看重的是自己的梦想，能够寻着梦想去生活、去创造，这其中的快乐比起金钱、地位来说更加重要。他喜爱历史，对《成吉思汗传记》中一段示子之言记忆尤深："当你拥有华丽的衣服、迅疾的烈马和美丽的女人的时候，就会轻易忘记曾经的理想和目标，此时，人就如同生活的奴隶，事实上已经一无所有。"

正如李山身上所展现的，也正如万军所总结的："李山的经历颇具传奇性，从清华到麻省理工，从华尔街到中关村，他似乎在哪里都能做到非常优秀。但是他背后所付出的艰辛和汗水是难以衡量的，付出的努力是不可估计的。作为一个清华人，他身体力行着'自强不息，厚德载物'的校训；作为一个中国人，支撑他走下去的始终是那一份赤诚的爱国之心和拳拳的报国之心。他的经历虽然距我们有些遥远，但是同为清华人，同是中国人，我们面对未来的选择，仍要以李山学长为榜样，将'自强不息，厚德载物'做到完美。"

第七份忠告：潜心笃志

1. "教育原来在清华"

冰心与吴文藻夫妇是近代文学史上的"文坛双璧"，他们于1929年6月15日喜结连理。婚后，吴文藻专心钻研学问，很少兼顾家事，因此闹出了一些笑话，冰心曾为此写过一首宝塔诗。所谓宝塔诗，就是从上至下，呈阶梯型排列的诗体，诗的内容是这样的：

马

香丁

羽毛纱

样样都差

傻姑爷进家

说起真是笑话

教育原来在清华

这首小诗中藏着好几个小典故：

所谓"马"，其实是"萨其马"，北京的一种零食，当时吴家的小孩子刚学话，说不全，便简称为"马"。而吴先生不知道这其中的来龙去脉，一日他正忙着，听说儿子要吃"马"，便二话不说跑进点心店，向售货员买"马"，搞得售货员不知所措。

所谓"香丁"，是指一日冰心与婆婆等人在院子里赏花，被从书房里叫出来的吴先生应酬似地问："这是什么花？"冰心指着一株丁香说："这是香丁。"他竟点点头说："啊，香丁。"周围的人忍不住笑起来。

所谓"羽毛纱"，是指有一年冬天，冰心让吴文藻为父亲买件双丝葛的夹袍面子，吴文藻转身就忘，到了布店，说要买"羽毛纱"。店小二听不懂，好在他知道吴先生是冰心的老公，便打电话询问，才知道吴文藻又闹了大笑话。"傻姑爷"因此得名。

最后一句，"教育原来在清华"，则是冰心同时任清华大学校长梅贻琦开的玩笑——吴文藻这个书呆子是清华大学培养出来的。他1917年考入清华学堂，1923年赴美国留学，归国后先后任教于燕京大学与云南大学等。

而梅贻琦校长见到这首诗后，笑得前仰后合，并以进为退，续诗两句，回敬冰心。全诗如下：

马

香丁

羽毛纱

样样都差

傻姑爷到家

说起真是笑话

教育原来在清华

冰心女士眼力不佳

书呆子怎配得交际花

这两句玩笑诗续完，在场的清华同学都乐了，冰心才觉出"作法自毙"的味道。但事实上，冰心既不是什么交际花，吴文藻也绝不是人们通常所说的"书呆子"，他只是把大部分精力都用在了学术研究上，无心关注一些生活琐事，不然，他也不可能集那么多著名头衔于一身：著名社会学家、著名人类学家、著名民族学家、著名编译家、著名教育家……而且，他桃李满天下，著名学者费孝通、林耀华、黄华节、瞿同祖、黄迪、李有义、陈永龄等，均曾师从吴文藻先生。

另外，他在身活小事上毫不关心，但在学术研究以及教学上却毫不含糊。吴文藻的弟子王庆仁清晰地记得自己第一次去拜见恩师的情景：十多本西方人类学理论的原版书摆在书桌上，那是吴文藻要求王庆仁在两个月内必须看完的！在吴先生门下几年，王庆仁对恩师平和宽厚的长者风范更是有了深切的体会：老师的藏书可以毫无保留地借给学生看，里面还有老师亲手做的卡片，夹在里面作为参考。"吴师做事情非常仔细。仔细到看我们的稿子时，是一个字一个字看的。你的英文中什么地方落一个字母，吴文藻都能给你纠正过来。第二次、第三次甚至第四次出现的时候，吴文藻还是会心平气和地给你指出来，从来不批评学生。"多年以后，回忆起这些细节，王庆仁仍感慨良多。

再讲两件吴先生生活中的小事，当然都与冰心有关。

第一件看似小，实则关系着二人的婚姻大事。当年，二人相识于去美国留学的轮船上。当时的冰心已经小有名气，不乏追求者，却无意中人。船上有几个女同学告诉她："在这条船上有清华一个男生，个子高高的，走路都扬着头，不理睬人，叫吴文藻。听说人家给他介绍过好几位女朋友，他一个也相不上。咱们去看看怎么样？"这话引起了冰心的好奇心。一见之下，果然是个仪表堂堂却十分高傲的小伙子。冰心也不甘示弱，就大大方方和他攀谈。结果她发现，俩人很谈得来，吴文藻的傲气也全无踪影。到了美国后，这个骄傲的小伙子还隔几天便给她寄一本文艺杂志，后来杂志里还开夹一个小条，再后来小条变成了宽条，都是用英文书写得。再过若干时候，宽条换成了书信，书信又变成了情书。她发现这个小伙子是真诚的，便也呼应起来。

第二件小事，是二人新婚之后，居住在燕南园的一座小楼里。吴文藻的书桌上摆了一张冰心的照片，冰心见他煞有介事，就问他是否每天真的会看？吴文藻说："当然。"冰心来了兴致，有一天，她从镜框里取出自己的相片，换上影星阮玲玉的，结果发现吴文藻好几天也没在意。她提醒吴文藻："你看桌上的照片是谁的？"吴文藻这才笑着说："你何必开这样的玩笑！"

这说明什么？说明书呆子也不呆，他们只是有自己的策略。但一旦攻克阵地，书呆子就又恢复了呆样，把更多的精力放在了书本与学术上。书呆子嘛，长期离开书可不行！

2. 不着魔，不成佛

曾在 2012—2015 年度担任清华大学校长的陈吉宁先生，曾经在一次演讲中说过一句话，用以勉励广大清华人："我们要向我们的老学长闻一多学习，爱书成痴，一看就'醉'，珍惜青春、珍惜时光，学会做人，学会独立，而不是痴迷游戏，这样才能让每一天都过得有意义。"

确实，书痴，是以"面对枪口，拍案而起"知名的闻一多先生的另一面。别的时候也就罢了，最夸张的是，他结婚的那天，洞房里张灯结彩，热闹非凡。一大清早，亲朋好友就都来贺喜，但迎亲的花轿快到家时，人们还到处找不到新郎。急得大家东寻西找，结果在书房里找到了他。他仍穿着旧袍子，手里捧着一本书，入了迷。后来，人们见怪不怪，只说这人不能看书，一看就要"醉"。

1934 年毕业于清华大学的张宗燧先生，也是一个除了学习与研究，什么也不感兴趣的人。他很早就在数理方面表现出卓越的学力，15 岁进入燕京大学，次年转入清华大学，毕业后放弃赴美，去当时数学和理论物理水平更高的欧洲留学。在英国剑桥大学数学系，他师从统计物理学家福勒。后来，福勒又推荐他去丹麦物理学大师、诺贝尔物理学奖获得者尼尔斯·玻尔领导的哥本哈根理论物理研究所工作，深受玻尔及现代物理学先驱狄拉克、泡利、罗森菲尔德、维克、莫勒、威尔逊等人的影响。尤其是玻尔，他十分欣赏张宗燧的才华，对他非常友好。后来也获得了诺贝尔奖的小玻尔，也就是玻尔的儿子，当时也在，两个年轻人建立了亲密的友谊。多年以后，已经领导丹麦大学理论物理研究所的阿·玻尔，来到中国访问时，欣喜地与老朋友张宗燧相见，却一不小心给张宗燧惹出了麻烦。小玻尔随口问，中国是否在实行配给棉布的布票制度？张宗燧两耳不闻窗外事，从不过问家务，都是夫人傅素冉张罗，压根不知道天下有布票，于是随口答道没有那么回事。回家之后，他问了问妻子，才知道真的有布票，然后赶紧去宾馆向小玻尔做了更正。

　　类似的例子，还有另一位清华老校友、"两弹一星"元勋彭桓武。他 1931 年考入清华大学物理系，1935 年毕业后入研究生院，1938 年赴英国爱丁堡大学，师从著名物理学家马克斯·玻恩，成为玻恩的第一个中国学生。玻恩是爱因斯坦的好友，在给爱因斯坦的信中，玻恩数次提到这位得意的中国门生。获得爱丁堡大学的哲学博士和科学博士学位后，玻恩又推荐彭桓武前往爱尔兰都柏林，在著名科学家薛定谔领导的理论物理所工作。薛定谔也是爱因斯坦的朋友，他在给爱因斯坦的信中这样描述彭桓武："简直不敢相信，这个年轻人学了那么多，知道那么多，理解得那么快！"与之形成鲜明对比的是，这位活了 93 岁的著名科学家，一辈子也没弄明白军、师、旅、团谁大谁小，一辈子也没搞清楚部、局、处到底是谁管谁，他给自己的评语是："人情方面的知识还不如一个中学生。"

除此之外，彭桓武的非凡之处还表现在他一方面记性极好，一方面又忘性太大。他记性好的方面表现在数学、物理学上。在中国的原子弹、氢弹事业进行理论攻关时，他经常在小黑板上推导出一长串公式，手中的粉笔从不打绊儿。80多岁时，物理学上那些繁杂的公式，他都能毫厘不差地背下来，令同事们惊叹不已。在日常生活中，他却是个忘性很大的人。经常会有这种情况出现：当别人兴致勃勃地讲起他不久前做过的一些事情时，他就像第一次听到一个与自己毫不相干的故事，显出同样的兴致勃勃和一脸的无知，问道："真有这样的事吗？"他有的时候会说，都怪62岁那年自己得了脑膜炎，影响了记忆力。但马上有人反对他说，跟脑膜炎有关吗？你没得脑膜炎之前，有人问你钱伟长戴不戴眼镜，你这个跟钱伟长共事过4年的人竟然答不出来！

所有这些例子，都应了一句老话：不着魔，不成佛。世间三百六十行，但凡能在一个行当中做出非凡成就者，大多是常人眼中的疯子、痴人。只有达到痴迷的境界，才能将某件事做到极致。或许你没有天赋，资质平庸，也遇不上玻尔、爱因斯坦与薛定谔这样的名师，但只要你愿意付出，愿意深入一门学问或技能，苦心钻研，不计代价，不顾其他，你就不难做出相应的成就。

第八份忠告：以梦为马

1. 上苍保佑有梦想的人

好莱坞大腕、美国加利福尼亚州前州长施瓦辛格先生曾经在清华大学作过一次励志演讲，他的第一句话就是："让我告诉你们，我年轻的朋友们，坚持你们的梦想。无论如何，坚持你们的梦想。不要放弃，即便遭遇打击和挫折。"

"今天，我想与你们聊聊梦想，对于你们未来的梦想。"施瓦辛格说："我想与你们聊聊梦想，因为我似乎是一个梦想专家，我实现了自己的许多梦想。所以让我向你们讲述我的故事，讲述我如何开始我的职业生涯。我认为这个故事与你们有些许关联。一开始我是个举重运动员。我一直喜欢举重和健美。当我第一次抓起杠铃，稳稳握住，并高举过头顶，我就一直享受这份愉悦，我知道这就是我要做的事情。我还记得自己第一次真正训练的情景。我老家在奥地利，离我们村庄八英里远的地方有一座体育馆，我骑车过去，在那里训练了半个小时，因为教练说半小时后你要停下来休息，否则身体会酸痛。但是半小时后我看着自己的身体，什么变化也没有。我对自己说："我还是再练半小时吧。"但我的力量还是没有增强，我的肌肉还是没有隆起。于是我又练了半小时，之后又是半小时，再之后又是半小时，共计两个半小时。之后，我离开体育馆，骑车回家。骑了一英里之后，我感觉身体发麻，再也握不住自行车的把手，摔下来掉进了路边的沟里。爬起来后，我试图再骑。骑了几码之后，我又摔下了车。我又试了三四次，但终究没法骑车，因为我的身体已经麻木了，我的腿像面条一样打颤。第二天早晨起床后，我浑身酸痛，甚至没法举起手臂梳头。我不得不让我妈妈帮我梳头，你们知道那有多么尴尬。但我从中学到了非常重要的一课，那就是痛苦意味着进步——痛苦就是进步。每一次训练之后，我的肌肉都酸痛不已，但我知道那是它们在生长，变得更加强壮。"

"在坚持了两三年的艰苦训练之后，我的形体和力量都发生了改变。我从中学到了一些东西，那就是：既然我可以改变我的形体，既然我可以改变我身体的力量，那么我也可以改变其它任何事情。我可以改变我的习惯，我可以改变我的智力，我可以改变我的态度、我的思想、我的未来和我的人生。这正是我已经做过的事情。我觉得这个经验也适用于其他人，适用于各个国家的人。你们可以改变，世界上每一个人都可以改变。"

"当然，我必须告诉你们，我的父母起初完全无法理解我的梦想。他们总是困惑，他们说：'你在干什么？你打算什么时候找一份工作，一份真正的工作？你打算什么时候挣钱？'我听到的都是这样的问题。他们还说：'我希望我们没有养一个乞丐，一个不会挣钱，只想住在体育馆里成天想着自己的体形的人。'之所以说这些，是因为我觉得你们当中有一部分人的家人可能会有同样的想法。他们可能不相信你们的梦想。但是让我告诉你们，朋友们，坚持你们的梦想。无论如何，坚持你们的梦想，不要放弃！"

"带着父母的不理解和20美元，我来到了心中的圣地——美国。因为我觉得自己一直是个有美国气质的人。刚到美国，我便融入了那种美国式的观念：没有你办不到的——只要付出足够的努力。我在那里展开了更高强度的训练，我训练的时候，没有任何人愿意跟我同时训练，因为我一进健身房便全心投入、全神贯注，那种超人的意志令旁人感到战栗。就这样，一年后，我便成了世界健美冠军。

我的职业生涯开始腾飞，我开始演电影，《终结者3》上映后，我成了好莱坞片酬最高的影星。但我刚刚转行时，总有人会说我不可能成功。好莱坞的导演们说：'你不可能成功的。你有德国口音，在好莱坞从来没有德国口音的人成功过。你或许能演一些纳粹之类的角色，但是因为你的口音，你绝不可能成为一线巨星。还有你的身体，你的肌肉过于发达了……别想了，你不会成功。回去健身吧。'后来，当我竞选州长时，人们又说：'你不会成功的。你不会成为加利福尼亚州州长的。你对政府了解多少呢？'好吧，就算他们说的都对吧，但我没有在乎他们的话。我继续竞选，我坚持自己的梦想，其他的从不提。结果我成功当选。这一切的发生，都是因为我的梦想，即使有人告诉我那些梦想不切实际，太过疯狂，我依然坚持不懈！所以我要说，上苍保佑有梦想的人，而你必须时刻保佑自己的梦想。"

好莱坞另一大牌动作影星史泰龙的成功更具说服力。他年轻时，也是个一名不文的穷小子，但他有梦也敢做。他13岁便辍学了，偶尔看了一场当时的大片，他疯狂迷上了电影和健身。于是他开始当小工，在动物园清扫狮子笼，在戏院当服务生。工作了5年之后，他的视野开阔了，他决心成为电影明星，尽管他知道自己有口吃的毛病，又没有文化，人也不帅，但他觉得人有了想法就应该行动。

当时好莱坞大约有500家电影公司，他找来电影公司的名录，一个一个地去推荐自己。"你这个样子怎么可能做得了电影演员呢？""算了吧，我们才不会要你！""走远一点，这里不是你做梦的地方！"……讽刺、挖苦、嘲笑、瞧不起，应有尽有，所有人都拒绝了他。但史泰龙不服，他始终告诉自己，得鼓足勇气重新推销自己。可结果还是一样，500多家电影公司再次拒绝了他，说辞还是一样："你死了这条心吧！""不要再来了，我们公司不欢迎你！"

但过了一段时间，史泰龙又来了。

"你怎么又来了？"人们不耐烦地说。

"这次不一样，我带来了一个剧本。"他的剧本名叫《洛奇》，有人翻了翻又马上还给他，还有人看也不看，就连人带本都给他轰了出去。幸好他还是没有气馁，也没有停止行动。

皇天不负有心人，当他推销到 1600 次左右的时候，终于有人愿意出钱买他的剧本了。这时，他身上只剩下 40 美元了。他非常需要钱，可是听到对方不让他当主演，他急了："No！No！"他开始拒绝别人。他继续敲门，继续尝试，直到第 1855 次的时候，史泰龙终于如愿以偿。他主演了电影《洛奇》，一炮走红，成为超级巨星。

史泰龙后来的健身教练曾这样评价他："他所做的每一件事情都是 100% 的投入。"今天我们来看待健身这件事情，史泰龙也好，施瓦辛格也好，我们钦佩他们、喜欢他们，绝不仅限于他们的肌肉，也不是他们的演技、财富、社会地位等，而是他们身上那股永不服输、永远向上的精神。我们可能永远也不会走红，不会成为巨星，但正如施瓦辛格所说，他的经验确实适用于这世界上的每一个人——每一个有梦想，并为自己的梦想付出不懈努力的人。

2. 想开花先钻到土里去

先来看一个真实的故事：

多年以前，几个美国青年同时从美国著名学府哈佛大学毕业。这些学习机械专业的青年们，都想进入当时如日中天的维斯卡亚机械制造公司，但维斯卡亚方面明确告诉他们："我们从不聘用只有理论知识而无实践经验的人！"有几个同学本着此处不留人、自有留人处的精神去了别的公司，而且直接进入了管理层，毕竟是哈佛大学毕业的！惟有一个名叫史蒂芬的同学不为所动，他依旧做着进入维斯卡亚公司的美梦。但他也知道，这很可能永远只是个梦。

很快到了秋天，史蒂芬还处在颗粒无收的状态。这天，他在自家农场帮父亲收割向日葵时发现，由于雨水的缘故，好多葵花籽都在向日葵的顶端发了芽。父亲见他发呆，走过来开玩笑说："这些葵花子这么迫不及待要发芽，但结果只有死路一条。想发芽开花，它们必须得钻到泥土里去才行！"

父亲的玩笑话点醒了史蒂芬。他不再迷茫，不再观望，他把自己的文凭塞进抽屉，然后再次造访维斯卡亚公司，表示自己愿不计报酬地为该公司工作，也愿意从最底层做起，希望给他一个学习的机会。最终，他如愿进入了维斯卡亚公司。

在公司，史蒂芬日复一日地打扫卫生，像少林寺里默默无闻地扫地僧。在此过程中，他细心地观察了整个公司的生产情况。半年后，他发现公司在生产中存在一个技术性漏洞。此后，他用去将近一年的时间，搞出了有针对性的设计。但是当他试图就此向高层提议时，才发现自己根本就没机会见到总经理。甚至当那些存在缺陷的产品一批批被退回公司时，史蒂芬仍然没机会见总经理。

这天，史蒂芬在扫地时听到一位同事说，为了挽救危机，公司董事会正在召开紧急会议，但会议进行了 6 个小时还没有结果。史蒂芬意识到，自己的机会终于来了！于是他带着自己的设计敲开了会议室的门，对正在开会的总经理说："我可以用 10 分钟时间改变公司！"

结果，史蒂芬不仅成功地挽救了公司危机，10 年后还荣升为公司 CEO，其个人财富也迅速跻身美国富豪前 50 名。而他那几位直接进入管理层的同学，并没有取得什么明显的成就，不过是日复一日地混日子而已。当他们羡慕地向史蒂芬取经时，史蒂芬的答案总是令人似懂非懂："我只是把自己当成一颗种子钻进了土壤里！"

最初看到这个故事，我首先想到的是小学时学过的一篇课文——《种子的力量》，其中心思想是说，世界上力气最大的不是大象、狮子，也不是传说中的金刚，而是植物的种子。种子的力量之大不容质疑，但就像上面的故事展现的，若不把它们埋进土壤里，它们又怎么可能发挥出自己的力量呢？

做人也是如此。每个人都好似一颗种子，有的人生在贫寒之家，一无所有，但生活在强加给他苦难的同时，也磨炼了他的坚强品质，生活的不易和高压，就好像泥土覆盖着种子，不至于让他干瘪，同时传递给他着来自地心的热量和生命之水，总有一天会催化着他的生活萌芽，直至盛开，结出丰硕的果实。有的人则好比种子落入温室，生在富贵之家，不需要独自长大。这样的开始无疑是幸福的、幸运的，这样的人也不至于像上文中的向日葵种子一样，只有死路一条，但他们就像温室中的种子永远无法体会到被压在乱石下的痛苦从而无法积攒起推开乱石的无穷力量一样，难以面对人生的风雨和瓶颈，同时，逼仄的温室也决定了他们永远无法成长为参天大树，无法在暴风骤雨中享受与雷电对峙的快活。

与之相类似的是成功学中的"蘑菇定律"。所谓"蘑菇定律"，简单来说就是大多数人刚开始工作或创业时，都像一株被置于阴暗角落的蘑菇，或者被人忽略，或者不受人重视，弄不好还会被人有意无意泼上一头大粪，完全处于自生自灭的过程中。但稍具常识的人都知道，太阳底下是不可能生蘑菇的，阴暗角落才是蘑菇的滋生地，而一头大粪也可为蘑菇生长提供养分。蘑菇生长必须要经历这样一个过程，而人的成长也肯定会经历这样一个过程。这就是蘑菇定律，也叫萌发定律。

著名作家、心理医生毕淑敏曾几度在清华大学演讲，在2016年的那场演讲中，她说："人生一定是会有苦难的，我们无法预知。你越是有抱负，有理想，承担很多很多的责任，要去建立常人所未曾建立的功勋，你就越要做好准备，遭遇到比常人更多的苦难。而且是很孤独的。但我觉得，如果我们从年轻时开始准备，建设那样一个'防护林带'，就可以决定我们如何对待苦难的态度。"

应该说，"苦难"是一个被用滥了的词。毕老师所说的苦难，肯定不是那些只经历过学习之苦与青春之痛的年轻人能完全体会的。受一些不好的社会风气与有毒的文化产品的影响，丧文化流行，很多年轻人一方面颓废绝望着，一方面又幻想痴望着。有些年轻人倒不丧，但过于浮躁，过于功利，且个性张扬，走出校园时往往抱着很高的期望，觉得自己十数年寒窗苦读，虽不至学富五车，但至少也学过好几个书架，到了单位后就应该得到重用，应该得到最丰厚的报酬。工资成了他们衡量自身价值的唯一标准。一旦得不到重用，工资达不到预期，就容易失去信心，失去工作的热情，进而消极地对待工作。然而谁都知道，即使是天才，刚走出学校的人，也往往是理论上的天才，更何况有些人根本就是眼高于顶却手底稀松。退一步讲，即使你初出茅庐便知行合一，但也请记住达尔文的忠告：要想改变环境，必须先适应环境。不信任新人，或者说不敢把命运押在一个新人身上，是普遍的大环境。不管你是谁，只要你是个新人，你首先要做到的就是像一颗种子一样把自己放到无限低，然后不断积蓄力量，尽可能地生长。

最后我们来聊聊前不久发生的一个热点新闻：

有一位刚入职的研究生，在单位担任企划专员，第二天就被老板辞退了，这是为什么呢？原来这位研究生上班第一天，看到董事长助理来拿材料，毫不客气地让董助帮自己倒杯水："去，给我倒杯茶！"董助愣了一下，不动声色，帮他倒了水。事后，企划总监问他："怎么会想到让董助给他倒茶？"他回复："她不就是助理吗？助理不就是端茶倒水的吗？你看那些明星的助理哪个不跟三孙子似的？"

　　抛开董事长助理绝非一般的助理不谈，就算是普通的助理，这种目空一切、颐指气使的态度也不会让任何人感到舒服，这样不懂得尊重别人的人，哪怕技术再强，能力再大，也只会搅得整个团队离心力越来越大。这不是所谓的情商高低的问题，这是素质与认知的问题，这样的问题如果当事人不想改，其实很难改变，所以这个冥顽不化的年轻人第二天就被解雇了。

第九份忠告：智者不惑

1. 别让肉骨头把你绊倒

在清华，有这样一个普及率颇高的童话：

一只饿得发慌的狼在城市边缘遇到一条狗，看着狗发亮的毛皮和强壮的筋骨，狼就气不打一处来，心说你们这些狗，大家都是一个祖先，凭什么你就过得比我好？它很想冲上去和狗打一架，但它一点儿力气也没有，莽撞行事，肯定会吃亏。

于是狼装作友好地走过去，和狗攀谈起来，并夸赞狗长得很有福相。毫无心机的狗非常得意，说："其实你也可以和我一样。这完全取决于你自己，只要你离开丛林，到人类的家里去打工，你就会过上天堂般的生活。看看你的那些同类，它们在树林里活得多么像个乞丐呀。它们一无所有，得不到免费的食物，什么都得靠自己去争取，多累啊！你和我走好了，我保证，你的命运将就此改变，而我就是你的贵人。"

狼问："那我需要做些什么呢？"

狗说："很简单，只要你赶走主人不喜欢的人，奉承家里的成员，时不时地摇摇尾巴讨主人的欢心就行。这样你就可以得到各种残羹剩饭，隔三岔五还能得到很多美味的肉骨头。"

听到这些，狼觉得狗的生活实在是太幸福了，于是它在狗身后，向未来的主人家走去。半路上，狼忽然注意到狗的脖子上掉了一圈毛，狼问道："这是怎么回事。"

狗平静地回答道："哦，没什么，只不过是拴我的项圈磨掉了些毛而已。"

"项圈？"狼停住了，"你要被拴着是吗？也就是说你不能自由地跑来跑去是吗？"

"是的，但这没什么。"狗回答道。

"没什么？这关系太大了，我宁肯饿着肚子，也不要用自由换你的肉骨头。"说完，狼就头也不回地跑掉了。

人们常说，狗是人类最忠实的朋友。不过人类对待朋友的态度，却始终达不到应有的高度，上面的故事就是例证。究其原因，想来不外乎是因为狗吃了几根人类吃剩的肉骨头。至于它们在吃肉骨头之前还帮人类做了很多工作，那从来不在人类的考虑范围之内。

而狼，虽说没少给人类添麻烦，甚至直接吃人，但如今受《狼道》等畅销书的影响，反倒成为了人类景仰、效仿的对象，也不外乎狼在理论上不屑于人类丢过去的肉骨头。真不知是狼的品质值得景仰，还是我们人类在犯贱。

当然，为了把我们这篇文章写完，我们必须假设狼值得景仰，而狗应该鄙视。

那么我们自己呢？我们或许不会为肉骨头失去自由，但其他的呢？比如职位，比如房子，比如现实的压力？

几年前，著名出版人路金波在微博上发过一条爆款，他称"35岁之前买房子的小伙子有不了大出息"，引起网友热议。几天后，他再次发微博解释自己的言论——成了房奴之后就很难再有条件做别的事情了："买房装修，娶妻生子，每月发工资还贷——当然幸福。不过，还敢去另一个城市闯荡吗？能够花3个月时间旅行吗？花一年时间学新东西？我的意见，'幸福'这件东西意思不大。生命本质是苦，目的是创造。"

尽管我与路先生勉强称得上同行，但我跟他真的不熟，所以我丝毫没有为他开脱，更没有挺他的意思，我是发自内心的认同他的观点。

新东方总裁俞敏洪在清华演讲时说过："创业比生孩子还简单，都不需要两个人。"确实是这样，这个时代，中国早就不缺乏创业者了。但生活中真正有勇气创业的人，还是比有勇气生孩子的人少。究其原因，倒不全是勇气的问题。创业或许是一个人的事情，但在中国，生孩子绝不是一个人的事情，而往往是一个家庭乃至一个家族的事情。你自己没条件生，没关系，老爸老妈岳父岳母甚至兄弟姐妹亲戚朋友都挺你，只要你生，他们就负责养。同样的道理，如果你在中国买房，要当房奴，亲戚们即使不情愿，也大多会多少支持你一下，但你若跟他们借钱去创业，大多数人是不敢拿钱让你打水漂的。

之前有本畅销书，叫《给你一个亿，你能干点啥》。这书名起得忒不负责任，谁能给我一个亿？所以我们应该问得靠谱点儿：给你十万块，或者再多点儿，几十万，你是拿来创业，还是拿来按揭买房？我曾经就这个问题问过很多人，其中包括清华北大等名校毕业生。很遗憾，大多数人都会选择后者，也因此，大多数人成不了创业者。如果说他们的人生早已定格在了一套房子上，他们肯定不服。但事实就是如此，无须过多解释。

很多人都羡慕陈天桥，30 岁就做了中国首富。但很多人不知道，当年陈天桥辞职去创业时，不仅已贵为上海陆家嘴集团董事长秘书，而且即将面临分房。一位精明的上海同事好心劝他："小陈，咱们这儿快要分房子了，你等分了房子再走不迟。"陈天桥却说："难道我这辈子，自己还挣不了一套房子？"

很多人都知道著名高尔夫球手老虎伍兹，巅峰时期每年收入有数千万美元。但很多人不知道，他小时候家境贫寒，根本打不起球。后来初中体育老师发现了他的才华，并自掏腰包让他去俱乐部打球，伍兹的球技才得以突飞猛进。可没过多久，一个同学帮伍兹谋到了一份周薪500美元的职位，这对家境贫寒的伍兹而言诱惑力非常大。于是他婉转地告诉老师，自己想参加工作，改善家境，不想继续打球了。老师说："孩子，难道你的梦想只值每周500美元吗？"一句话打消了伍兹的念头，坚定了他的信念。几年后，他终于成为世界著名的高尔夫球手。

现实过于残酷，固然会扼杀梦想，但有时现实过于美好，同样会羁绊一个人前行的脚步。温柔乡即英雄冢，生活过得太安逸，时间一长，难免失去斗志。SOHO中国创始人潘石屹在清华大学演讲时曾经提到过这样一个小故事：

1984年，我21岁，大学毕业后被分配到河北廊坊管道局工作。几年后，单位新分配来一个女大学生，她对分给自己的办公桌椅非常挑剔。我劝她："凑合着用吧。"她却说："小潘，你知道吗，这套桌椅可能要陪我一辈子的。"这话深深触动了我：难道我这辈子要与这套桌椅一起度过？

著名作家、导演九把刀在清华大学演讲时也说过："我一直非常非常非常想要说一句非常帅气的对白，这句对白就是，这辈子我买过房子，也买过车子，但我买过最贵的东西，是梦想。"

类似的例子我们还能列举很多，但宗旨无非一句话：如果你还有梦，就应该勇敢去造梦。梦想是用来实现的，精彩一定属于弄潮儿。人生就那么几步，错过一步可能遗憾终身。

2. 向钱看与向前看

再过几个月，我就年满四十岁了。古人云，四十不惑。于是很多人也经常说自己到了不惑之年，你到了不惑之年不假，但你真的不惑了吗？要知道，"四十不惑"是孔子的境界，大多数人的真实情况是，五十六十，七老八十，也还是有很多困惑与迷惑的。

清华大学校长陈吉宁先生也说过："你们需要的是，不唯众，不唯上，不在意在普通的道路上是否比别人走得更快，而是有在无人行走的荒野上行走的勇气，这样才能看到别人无法看到的风景。希望你们永远保持求知的欲望，永远不停止追求知识的步伐。希望大家努力拥有独立思考的精神和自我反思的力量，运用理性的头脑不断去伪存真，始终走在时代的前列，做一个不惑的智者。"智者方能不惑，倒不一定非与年龄有关。

智者不惑，顾名思议就是说一个人有智慧，便不会再有那么多的困惑、疑惑和迷惑。关于智者不惑，我还听说过一个很有深度的小故事：

有个生物系的大学生去吓唬他的教授，他把自己打扮成怪兽模样，头上长着尖尖的犄角，嘴里露出锋利的牙齿……满以为会把教授吓个半死，谁知教授看了非常镇定，说按照生物学的规律，根本就不会有这样的动物：长着犄角的，牙齿就不会太锋利；牙齿太锋利的，绝不会长犄角……令学生感到既没趣儿又佩服。

严格说来，这个故事还算不上标准的"智者不惑"，顶多算得上"知者不惑"。智者与知者，虽仅一字之差，实质却有天壤之别。人们总是佩服那些知识渊博的人，其实做一个有知识的人并不难，只要努力学习就行。但想做一个有智慧尤其是有大智慧的人却很难，包括对那些知识渊博的人来说。因为智慧的产生不仅需要学习，还需要必要的慧根。

苏格拉底说：知识关乎自然，智慧关乎人生。可谓一语中的。可以说，所有人，所有生物，生存与发展，都离不开对自然世界内在变化规律的认识与掌握。所以说，知识就是力量。当然，这里的知识是宽泛化的。农民依据时节播种、收获依靠的是知识，科学家制造航天器也是依靠知识，也就是说，知识广泛地存在于人类社会的每个人身上。而智慧则不同，"智慧关乎人生"，但人生没有假设，不讲逻辑，没有绝对的规律可循，唯有的就是洞察。所以说，智慧是一种远超知识的认识境界。先哲也说："形而上者谓之道，形而下者谓之器。辩乎器者是知，辨乎道者才是智。"也就是说，尽管智慧离不开知识，但智慧绝不与知识成正比。那些智者，也并非无所不知，他们只是掌握了人生的要义，并懂得遵循于它。

汉字是很有意思的，比如"智者不惑"的"惑"字，上面是个"或者"的"或"，下面是个"心"。"或者"，简单来说就是可以这样，也可以那样，意味着有比较宽泛的选择。与下面的"心"字组合起来，"惑"字的意思就是说，因为有着比较宽泛的选择，所以心里迷惑了。

我们再来深入讲讲"智慧"二字，它们笼统讲是一回事，细致看则是两回事，或者说它们是一个硬币的两面。智，上面是知，下面是日，可以简单解读为日知，也就是前面讲过的为学日益。慧，上面是扫的意思，下面是心，简单来说就是心地常扫，不使染尘，也就是前面所说的为道日损。

有位学者说得好：女人总是为衣服发愁，不是因为衣服少，而是因为衣服太多，多到了她不知道怎么挑选、搭配的程度。人世间的事情也往往如此，很多时候，人们总是患得患失、进退两难，这倒并不一定是因为选择太多，害怕风险，它还意味着人性有弱点，总是会被一些自己不该迷惑的东西所诱惑，总是想到悬崖边上取宝珠，然后全身而退。这么说来，智者，绝不仅仅是有智慧的人那么简单，这意味着他还应该是个有道德、有修养的人。只有这样的人，才时刻明白自己该怎么做，不该怎么做。

就说钱吧，自从人类发明了它之后，它就没有消停过。或者说，是人类没有消停过。南宋有个叫李之彦的文人，他曾用拆字的方法解析过钱。他说：你看"钱"这个字，从"金"从"戈"，意思就是说，想得到钱，离不开武器，真乃杀人之物，但人们却不能了悟，也不愿了悟。人们总是喜欢扛着"戈"去争"贝"，真是"贱"啊！

唐代的张说，则写过一篇《钱本草》，这也是一篇奇文。张说位高权重，做过朔方节度使，为什么要写这样一篇文章呢？主要是因为张节度使在任期间，好物贪财，敛钱好利，结果最后东窗事发，被贬到岳阳做了个地方小官。大难不死的张说开始有所醒悟，从而认识到人固然离不开金钱，但人绝不能做金钱的奴隶，否则就会被金钱所害。他想，都是钱病害的，于是就写下了奇文《钱本草》，也就是钱病还要钱药医的意思，其全文如下：

钱，味甘，大热，有毒。偏能驻颜采泽流润，善疗饥寒，解困厄之患立验。能利邦国、污贤达、畏清廉。贪者服之，以均平为良；如不均平，则冷热相激，令人霍乱。其药，采无时，采之非理则伤神。此既流行，能召神灵，通鬼气。如积而不散，则有水火盗贼之灾生；如散而不积，则有饥寒困厄之患至。一积一散谓之道，不以为珍谓之德，取与合宜谓之义，无求非分谓之礼，博施济众谓之仁，出不失期谓之信，入不妨己谓之智。以此七术精炼，方可久而服之，令人长寿。若服之非理，则弱志伤神，切须忌之。

此文翻译成现代文就是：

金钱这味药材，味甜、性热、有毒，却能预防衰老，驻容养颜。在治疗饥饿、寒冷，解决困难方面，更是效果明显。它可以有利于国家和百姓，可以污损贤达，惟一害怕的只有清廉。贪婪之人服用时以不过分为好，否则就会因冷热不均引发霍乱。金钱这味药材没有固定的采摘时节，不合时宜地采摘会使人精神损伤。如果只积攒、不发散，会有水、火、盗贼等灾难。如果只发散、不积攒，会有饥寒、困顿等祸患，只有边积攒、边发散，才是金钱的大道。不把钱当作珍宝称为德，取得、给予都适宜称为义，使用正当称为礼，接济大众称为仁，支出有度称为信，得不伤己称为智，用此七种方法精炼此药后，才可长久服用，从而延年益寿。如服用不得法，则会智力减弱、精神损伤。以上种种，千万不要掉以轻心。

张说为什么要说"钱"味甜呢？很简单，钱这东西人人喜爱，有了钱心里都会甜滋滋的。至于"大热、有毒"的特征，更是准确生动，入木三分。钱虽然不可或缺，让人甘之如饴，但对钱的追求要有度，要讲道，超出了度，偏离了道，便会让人变得疯狂，挖空心思往钱眼儿里钻，从而导致"大热"，成为金钱的奴隶，整天为钱着急上火（发热）。此外，是药三分毒，而钱的毒性尤甚，服用过量便会产生毒副作用，或者身心俱疲，家庭不和，或者锒铛入狱，命断黄泉。

接下来，张说为我们分解了钱的药理：钱一般分为小钱和大钱两种，小钱能"疗饥"，解人燃眉之急，救人于水深火热之中；大钱则能"邦国"，让国家富强起来。但金钱这种药材不像大力丸那样，有病治病，无病强身，金钱往往玷污毁掉那些不缺钱却想更多地占有金钱的达官贵人们的名声气节和前程，除非他们是清廉之士。尤其需要提醒的是那些贪心的人，服用金钱这味药材时一定要谨慎，否则就会陷入困境，轻则如炒股者被套血本无归，重则如身居高位却贪欲难抑重演历史贪官们的杀身悲剧。另外，钱是流动的东西，钱多的人最好将多余的钱财用于社会，否则自身不会太好受，社会也不会太平。也就是说，不管由于什么原因，社会贫富差距都不宜过大。

其后，张说又着重介绍了钱的采收，强调钱要取之有道，不能乱捞，不然神灵便要降罪，天怒人怨。不仅采收要得宜，还要学会花钱。如果只知道攒钱，就会有人惦记，如果花钱如流水，贼人倒是不惦记了，但自己的衣食住行也会成为问题。所以对待花钱，是既要学会节俭，又要学会把钱花到刀刃上，节流开源，量入为出，这样才能求得生活与金钱的平衡。

在文章的最后，张说又告诫世人，获取钱财要讲"道、德、义、礼、仁、信、智"，此所谓"君子爱财，取之有道"。如果一个人能够在讲究"七术"的基础上，获取钱财，那么就会在金钱的助益下延年益寿，不然就会"弱志伤神"。

综合看来，张说的《钱本草》并没有因为时间的推移而丝毫失效，尤其是对于当今社会越来越多的金钱至上论者来说，不啻灵丹妙药。

用清华大学的老校友于光远的话说，就是"即要向钱看，又要向前看"。一度有人批评他，他也无所谓，因为"向前看"是坚持方向，"向钱看"是重视生产，重视经济效益，这有什么不对，又有什么不好？至于他自己，他因为稿费多，所以是中宣部最有钱的人，但他对钱可是从来都不在乎的，而且不是一般的不在乎，是非常不在乎。他的母亲还在世时，他每月都请办公室的一位服务员给母亲寄钱，他母亲每次都在回信中说明收到了多少钱。回信中所说的钱数总是少于他所寄出的钱数，也就是说，那位服务员每次都会偷偷克扣一些。很明显的事，但于光远马马虎虎，竟始终没有觉察。后来，由于这个服务员是个惯偷，最终被抓，并被起诉到法院。他供认说，偷于光远的钱最多，于是法院通知于光远作为证人出庭。可是于光远在回答法官的询问时，一问三不知，说不清楚他的钱是什么时候怎么被偷的，更说不清楚被偷了多少钱。他那副狼狈无奈的样子，倒比小偷还窘迫，惹得法庭上下哄堂大笑。

第十份忠告：顺逆如一

1. 顺势而为，因势而动

什么叫"顺势而为"？我们先来看看清华大学建筑设计研究院院长、总建筑师庄惟敏的故事。

庄惟敏来自建筑世家，其父学的是工民建，在同济教书，庄惟敏从小也在同济长大。庄惟敏的舅舅则在清华任教。后来，庄惟敏全家搬到北京，离清华就更近了。1992年，庄惟敏如愿考入清华。从1995起，历任清华大学建筑学院教授、博士生导师、清华大学责任教授、清华大学建筑设计研究院院长、总建筑师、清华大学建筑学院院长等职务，其代表作品包括中国美术馆改造、2008北京奥运会柔道跆拳道馆设计等。

庄惟敏的主研方向是建筑策划，他的主要思想就是八个字："顺势而为，无为而治。""建筑策划，说白了就是有了项目以后怎么盖房子的问题。"庄院长认为，建筑策划是一种理性思维，有助于更好地保障建筑建造起来之后的使用功能、经营效益等。而所谓的"顺势而为，无为而治"，则是要摒弃用力过猛、"损人不利己"的设计理念与方法，去顺应自然与环境，设计出贴切的建筑。贴切，举个非常简单的例子，如果你要设计一座海港，你肯定要选择在海边，最好是找个天然良港，稍加设计，便浑然天成。那你可不可以到内地去挖出一座大湖来，再设计所谓的"海港"，再通过修运河连通大海？这看似很荒诞，但类似的事情人类并没少干。好的建筑师要避免乃至杜绝类似现象，而这要求好的建筑师必须同时是一个好的设计师。

在 2020 年的毕业季，庄院长寄语即将步入社会的学生们说："今天其实不是讲大道理的时候，但是要告诉大家不要忘记校园窗外的事情，一旦你们从这里走出去就是步入社会，这一点非常重要。家长可以陪你们长大成人，老师可以陪你们五年六年七年。但是真正走向社会以后就需要靠你们自己了，这些给我们的毕业季带来了一点点沉重的思考。大学要做什么，在座的当中有的同学说，我感觉建筑学院在把我们培养成设计师而不是建筑师。这句话讲的特别好，我赞成，因为建筑师应该是一个科学、艺术、人文相结合的综合型人才，而设计师可能就是一个专业领域的设计人员。你们毕业之后有很多人要从事设计、规划、管理、教学、科研，等等。"

我们不妨顺着庄院长的思路多说几句：其实不管你上哪所学校，以后从事什么，首先应该做的，都是根据自己所处的具体环境与综合条件，做一个阶段性的设计，乃至整体的人生规划。而个中关键，就在于认识"势"。认识了"势"，才谈得上"顺势"，才谈得上"顺势而为，因势而动"。

简单来说，"势"是一种强大到一定程度的力量，或普遍到一定程度的趋势。举例说明，水大到一定程度叫水势，火大到一定程度叫火势，风大到一定程度叫风势。任何一种势，都不是普通人所能抗拒、扭转的。所以人们常说："形势比人强。"

《吕氏春秋》有云："使乌获疾引牛尾，尾绝力勯，而牛不可行，逆也。使五尺竖子引其棬，而牛恣所以之，顺也。"意思是说，让当时最著名的大力士乌获去牵牛，如果不管三七二十一，抓住牛尾巴就往后拽，那么就算用尽全身力气，把牛尾巴都拉断，也不能使牛移动半步；但是，如果顺应牛的习性，牵着牛鼻子上的圆环，即便是一个小孩子，也能让牛听任使唤。大力士都不能奈何一头牛，我们又能奈"势"何？所以，我们办任何事情，都不能蛮干。蛮干，就是通常说的顶牛。人，怎么能顶得过牛呢？人只不过是在钻牛角尖罢了。

我们再来看看许连捷的故事。他的成功，主要是靠顺势，确切地说是顺应市场趋势。

许连捷出生于福建省一个贫寒之家，小时候因为住房狭小，他甚至不得不与兄弟们睡在祠堂或猪厩里。很小的时候，许连捷就懂得在各村之间倒卖鸡蛋和芋头。十几岁时，许连捷用自行车卖过菜，拉过客，用牛车、驴车拉过石头，后来又换上了马车、拖拉机和二手汽车。最终，他积攒起了一定的积蓄，于1979年开办了一家服装厂。

在经营服装厂的过程中，许连捷冷静地意识到，尽管自己做服装赚了一些钱，但自己对服装的审美能力很迟钝，在这一行继续发展，肯定没有竞争优势。于是，许连捷开始寻找新的机会。1984年冬天，一个名叫杨荣春的技术员给他送来了机会。他手持一叠来自香港的卫生巾设备说明书，敲开了许连捷的大门。许连捷听完介绍，几乎当场惊叫起来："天上又要下大钱了！"

杨荣春走后，许连捷茶饭不思，彻夜未眠。是继续经营如日中天的服装厂，还是专产生产前景无限的卫生巾呢？最终，许连捷选择了后者。于是，一个令后来许多女胞熟悉的名字——"恒安"——诞生了。然而，当时的中国大地已闭关自守多年，不管是消费观念，还是消费水平，都不是一般的落后。"恒安"刚开始销售卫生巾时，买得起的人不仅少，而且还羞羞答答，更多的人则是把购买或者销售卫生巾的人看作异类。有人甚至嘲笑许连捷说，红红火火的服装厂不办，去做令人难以启齿的卫生巾，哪根神经出了毛病!

但许连捷坚信，时代发展了，改革开放了，不要很长时间，中国人会逐步富起来，只要富有，人们的消费观念就会发生变化，广大女性绝不会放着好产品不用！想赚大钱，必须拿出魄力来，先人一步并坚持下去。果然，不到两年时间，"恒安"便火爆起来，订单雪片般飞来，订货的客商排起了长龙，"恒安"得以迅速发展成为国内最大的妇女卫生巾生产企业。

许连捷的故事告诉我们：光是明白什么叫"势"没有用，光是会顺应"势"也没用，因为顺应"势"的前提首先是你得发现"势"。改革开放初期的的创业环境早已不复存在，在当时，没个熊心豹子胆，没人敢贷款。但今天，即使是个学生，只要银行敢贷，哪怕是套路货，也敢贷上个天文数字。所以，当今社会最需要的还是发现势的眼光。此外，从一定程度上说，势也是人创的。那些既有眼光又有魄力的人，不仅善于发现势，还善于把市场上潜在的"势"挖掘、激发出来，而能做到这一点，又恰恰在于他们本身就是一种势，至少有一种精神上的强大势能。这样看来，与其说某些人成功是因为顺应了"势"，不如说是他们引爆了"势"。

选专业，做学问，不也是这样吗？有很多清华前辈，他们当初喜欢的专业并不是后来所擅长的，但在那个国难临头的岁月，他们紧紧抓住"祖国需要"这个大势，勇敢取舍，最终都在各自的领域为新中国的科技起步和腾飞做出了贡献。今天，中国今非昔比，复兴在即，同学们有了相对前辈们更多的选择性，但"祖国需要"依然要时刻牢记在心，同时再结合上"世界形势"与"个人优势"，就会更好。

2. 痛饮人生的逆流

清华人有句话："走进清华门，就是清华人；走出清华门，带走清华魂。"所谓清华魂，就是清华人的优秀品质，而最能代表清华人的特有优秀品质，就是顺逆如一。

中国有句古话："人往高处走，水往低处流。"何谓高处？何谓低处？自然不是指地理上的概念。不然的话，喜马拉雅山上早就人满为患。水往低处流，看似无懈可击，其实也是表面现象，水流千遭归大海，但水是三态循环的，大海里的水最终还是要回归高山之巅。明白了这个道理，我们才能更好的理解什么叫顺逆如一，才能从更长远、更辽阔的角度来看待生活本身。

2017 年 5 月，三位世界级大学者在清华大学展开过一场巅峰"对决"，畅谈学术，前两位是我们中国人非常熟悉的杨振宁先生和施一公教授，第三位则是以色列首位诺贝奖获得人——阿龙·切哈诺沃。在分享自己的人生经验时，阿龙·切哈诺沃提到，在他小时候妈妈就教他说，人走进一条河流，可以顺水走，也可以逆水走，但是"你要永远逆水走"。从此"逆水走"成为他的人生轨迹：在任何领域一旦成功走顺，立刻另辟一个领域。学术上打遍国内无敌手后，他就跑到美国闯天下，评上终身教授后又不甘顺境，再回特拉维夫主攻科研难关，最终获得诺贝尔奖。

在中国，其实也早有"逆水行舟，不进则退"的古训。但能够在人生长河中逆流而上的人，总是少之又少。更多的人，还是愿意顺流而下，"千里江陵一日还"，或者随波逐流，跟着感觉走。

其实顺流逆流，都只是站在人的立场上说的。你何时见过一条河逆流过？河水可能干涸，可能泛滥，可能巨浪滔天，惟独不会逆流。就算有的河流在某些时段会出现小规模的倒流，那也是规律使然。

非要说逆流的话，那只是因为它逆了我们的心，我们不愿意接受它而已。

正如一条鱼不能片刻离开一条河，哪怕这条河已经被污染；我们也无法逃脱人生的逆流，因为它是人生的一部分，也是顺流的另一面。众所周知，江河泛滥，给人们带来的是田园荒芜、颗粒无收的惨景，因此，人们总是把洪水泛滥视为灾难的同义语，如"洪水猛兽"。然而，生活在河边的人都知道，泛滥虽然会冲毁庄稼，但也会带来庄稼丰收所必需的肥沃土壤，包括中国的黄河、埃及的尼罗河在内的世界上绝大多数的大河文明，都是拜泛滥所赐。

当然，逆流终究是逆流。有些风雨非但带不来彩虹，反而会使我们前进的路途更泥泞。你可以乐观，但不能乐观到麻木。过度的乐观也是一种逃避。真正的乐观，源自于我们对痛苦的领悟，而不是回避，更不是强作欢颜。我们应该直视它，痛并快乐着接受人生给我们的考验。

在 2019 年举行的另一场学术研讨会上，当被问及"在您看来，以色列在创新方面这么成功的原因是什么"时，阿龙·切哈诺沃是这样回答的："与其说是以色列的成功，不如说是犹太人的成功吧。犹太人曾经没有自己的国土，没有应有的人权，他们唯一能够仰仗的就只有自己的头脑。所以犹太人发展出了一套，怎么说呢，算是'学术的艺术'吧，很多犹太人都成为了学者。犹太人回到以色列之后，把这种精神也带回来了。犹太人热爱学习，喜欢问问题，敢于挑战权威，不轻信道听途说，富有质疑精神，这些都成为了犹太人的传统。另一方面，也是由于环境决定的，相比世界其他地方，我们所生活的环境并不是那么好。以色列和周边国家关系并不好，要生存下来就需要发展的比周边国家更好，这对我们来说有很大的鞭策作用，激励我们不停向前。总的来说，就是因为犹太人的传统加上以色列的地缘因素吧。"

同时，阿龙·切哈诺沃提到："在科研和创新方面，我觉得中国做的很好，比较 20 年前、10 年前、5 年前的中国，你会发现中国发展的特别快。要看中国的科研发展目标是什么了，但是做好科研真的需要很深的科研文化。我每次遇到中国的科研人员，他们总是在聊在《科学》或者《自然》期刊上发表论文，感觉这成了他们自己文化的一部分。重要的其实不是你的想法发表在哪里，而是你的想法是什么，这个想法是不是够深入，够严谨，讲了一个完整的故事？"

确实，这已经不是顺流逆流的问题了，这是黄河改道，严重跑偏了。

我们再来看看清华大学哲学系教授肖鹰的故事。

肖鹰，1962 年生，四川威远人，是典型的在"文革"中长大的一代，经历了那个时代的物质和文化的双重匮乏。在中学时代，小肖鹰就开始做文学少年的"当作家"的梦了。1977 年国家恢复高考，他凭借努力，依次通过了中考与高考大关，而且考上了北大。这在当时是多少有些意外的。更意外的是，招生人员直接把他分配进了北大哲学系。由于他当时报考的是北大中文系，并且还执着地做着文学青年的梦。接到录取通知时，他的苦楚决不弱于贾宝玉在洞房花烛夜见到的不是林妹妹，而是宝姐姐。于是他怀着非常无奈的心情走进北大，走进哲学系的课堂。然而，上学不久，他从同宿舍的一位同学手中看到了刚出版的《朱光潜美学文学论文选》。此前他并不知道朱光潜，不知道世间还有美学，于是这部还散逸着油墨和纸页混合的新鲜香气的书，为他打开了一个崭新的神奇华美的世界。

次年暑期，西南地区洪水泛滥，金沙江沿线车船停运。他与一位同学不得不徒步逆流而上，在险恶的洪水侧畔觅路爬涉了两天，走了190华里的路程。他们各背着一只沉重的旅行包，里面是从北大图书馆借出的图书：黑格尔《美学》4卷，丹纳《艺术哲学》1卷。用肖教授的话说，"这个情景，对我后来的人生有重要的象征意义，实际上，后来至今近30年的人生旅程，我都是青春无悔地肩负着美学走过来的"。

逆流也是一种风景，不是吗？但只有勇敢置身其中的人，才欣赏得了这种超常的美。人生充满了戏剧性和不可抗力，如果逆流一定要来，那就做好迎接一切逆流乃至灭顶之灾的准备。如果逆流已经到来，那就把它当顺流一样看待。只要你足够坚定又足够轻灵，顺流逆流，其实没有什么太大的区别。

第十一份忠告：迎难而上

1. 痛的极致是痛快

说到迎难而上，最具代表性的清华人可能非潘光旦先生莫属了。

潘教授有个绰号，叫做"独行者"，这实在是一个令人难过的绰号，因为潘教授在清华大学读书期间爱好运动，一次运动中不慎伤了腿，由于当时医疗条件的不足，导致结核菌侵入患处，造成悲剧，最后不得把右腿锯掉，还为此延误了毕业。有一次，他问当时的代理校长严鹤龄："我只有一条腿，能不能出洋（留学）？"严鹤龄回答："怕不合适吧！美国人会认为，中国人两条腿的不够多，一条腿的也送来了！"潘光旦很不服气。美籍国画女教师 Star 也很不服气，她站出来为潘光旦说话："潘光旦不能出洋？那清华还有谁能出洋？！"因为在此之前，潘光旦总是考第一。

到了美国，潘光旦先是在达茂大学插班读三年级，一学期之后，该校教务长告诉他说："对不起，你应该读四年级。"潘光旦的学习能力可见一斑。此后，他在美国广涉博览，无所不学。别人暑假时大多出处旅游，经济不宽社裕者则外出打点零工补贴生活，潘光旦虽然也不宽裕，但他宁愿受些衣食之苦，照旧雷打不动地学习，最终在优生学等领域取得了卓越的成就。而这些成就取得的过程，正如他自己所说过的："最精美的宝石，受匠人琢磨的时间最长。最贵重的雕刻，受凿的打击最多。"

现在的年轻人，知道潘光旦的不多，但潘光旦是中国现代教育史上绕不过去的人物，他也是最早发现专业化教育弊端，并提出通才教育思想的教育家之一。潘先生本人就是个大才兼通才。他一生涉猎广博，在性心理学、社会思想史、家庭制度、优生学、人才学、家谱学、民族历史、教育思想等众多领域，都有很深的造诣。用费孝通先生的话说，潘先生博学得就像一本百科全书，不知道的事不用去翻资料，直接问他就好了。

上世纪 50 年代中期，潘光旦、费孝通、张祖道三人去湖南、湖北、四川一带做田野调查，作为学生的张祖道着实见识了潘先生的要强与博学。说他要强，表现在潘先生右腿残疾，这趟路又全是山区，有个说法叫"天无三日晴，地无三尺平"。走路的时候，他拄着拐杖，独脚的脚趾头要用力钻进泥里，手要攀着树干走，整天穿行在高山低谷里，走得满头大汗却不要人搀扶。说他博学，在路边看到一朵花，他能马上说出这是什么花，有什么特点；在集镇上看到一个斗笠，他能随口说出斗笠的历史，一个简单的生活用品能让他讲出一大堆道理来；奉节有个杜甫草堂，张祖道觉得奇怪，潘先生告诉他，杜甫一生不得志，在成都有个草堂，那是因为他有一个叫严武的朋友当时任西川节度使，推荐他当了检校工部员外郎。后来严武去世，杜甫没有了依靠，就从成都东下到奉节，住了三年，遂有此堂……

潘先生的豁达也是人所共知的。因为他行走需用木拐，徐志摩曾戏言"胡圣潘仙"。胡圣，指的是胡适，性情宽厚，如同圣人；潘仙，就是指潘光旦，比喻他像八仙中的铁拐李。如果是一般人，腿有残疾，是要极力避讳的。但有一次，潘先生讲课讲到孔子时说："对于孔老夫子，我是佩服得五体投地的。"说着，他看了一眼自己缺失的一条腿，马上严肃更正道："讲错了，应该是四体投地。"引得同学们大笑。

其实，稍微有点儿境界的人都知道，与灵魂相比，身体只是个臭皮囊。一个人只要心里没问题，身体上的些许感受是算不了什么的。但肉体又是灵魂的进身之阶。"宝剑锋从磨砺出，梅花香自苦寒来"，古往今来的成功人士，为了把自己琢磨成最精美的宝石，大多都是敢于向自己挥刀舞凿的狠角色。因为他们懂得，要么自我革命，要么被人革命；想要少受折磨，先要自我折磨；如果风雨一定要来，那就让它来得更猛烈些；与其等待痛苦光临，不如尽快地把自己变得足够强大。因为生活之所以屡屡将我们刺伤，根本原因就在于我们还不够强大，至少不是足够强大。

都知道"厚德载物"是清华精神的内核之一，也都知道它讲的是君子要宽厚待人，其实这只是一个侧面，真正的君子，还要能以阳光心态面对一切人、事、物，包括厄运。在逆境时，千万不要妄自菲薄和自暴自弃。前面讲过，吃苦就是吃补，痛，也不是全无益处。

痛在有时候意味着希望。一个很浅显的道理：在医院里，受了重伤的病人，如果患病部位还能感觉到疼痛，医生就会恭喜他！他还有治！因为疼痛代表患病部位的血肉还活着！只有血管和神经还活着，机体才会感觉到疼痛。只有疼痛的机体，才有治愈的可能。

痛在有时候意味着赐予。孟子说："舜发于畎亩之中，傅说举于版筑之间，胶鬲举于鱼盐之中，管夷吾举于士，孙叔敖举于海，百里奚举于市……"莎士比亚也说过："北风塑造北方人。"不管是中国的北方，还是北欧，其气候、环境都相较于各自的南方较为恶劣，生活自然也不如南方人滋润，但生活是公平的，北风也塑造了北方人积极乐观、粗犷豪壮的性格。这是一种成功者的品质，只不过中国古代北方多出帝王将相，而北欧则是海盗的发源地。

当然，莎士比亚的说法并不尽然，北方照样有烂泥扶不上墙的人，痛的极致才是痛快，从痛苦到痛快，有一个转化过程。所有令人不爽的事物，可能都是上天的赐予，只看你能否利用它、转化它、超越它。

2. 要面对，不要做对

"要面对，不要做对。"这是清华大学客座教授翟鸿燊先生的名言。为什么？很简单，因为这样不仅不利于问题的解决，还会招来更多的麻烦。

从哲学的角度来说，任何事情都不是突然出现的，出现之前肯定有个酝酿期。当它已经出现在你面前，说明它已经酝酿好了，已经具备足够的能量。而你却没有思想准备，盲目做对，既不理智，也不务实。

面对是一种态度，做对也是。懂得面对的人，往往了解事物的规律，大事化小，小事化了，重要的是把事办了。喜欢做对的人，凡事喜欢拧着来，会为了做对而做对，通常不分青红皂白，是非对错。让他们搞研究、做工作时，一点儿发散思维也没有，但吵起架来，钻起牛角尖来，却能集中爆发，很容易地就能把一件事说成另一件事，然后牵扯出三件五件、十件八件，没完没了。其结果往往是，他被问题带着，团队被他带着，与真正的目标越来越远。

来看一个很有启发意义的小故事：

有一年冬天，天空飘着大雪，美国大作家爱默生家的一头小牛却跑出了牛棚，而且直到傍晚它也不肯回到牛棚里。爱默生担心小牛体质弱，会被冻死，便吩咐儿子把它拉回来。但儿子使尽了全身力气，也无法把小牛拉动分毫。爱默生只好上前帮忙。儿子在前面拉，他在后面推，父子俩使尽了全身力气，小牛依然绷紧四条腿，顽固地坚守在那里，一动不动。这时，一位女仆笑吟吟地走来，她手拿一缕干草，塞到小牛的嘴里，小牛马上嚼起来，脚下也动起来，乖乖地被女仆引进牛栏，剩下两个大男人站在那儿，目瞪口呆。

　　牛是人类的好朋友，有各种优点，也有不少缺点，"牛脾气"就是其一。在农村生活过的人大都见过上述故事中的场景，中国的古人也早就注意到了这一点，并将它作为大道之源的《周易》六十四卦之一的睽卦的一个卦象，具体说来就是睽卦的第三个爻："六三，见舆曳，其牛掣。其人天且劓，无初有终。"把它场景化一下，就是一个汉子赶着一辆牛车，走上了岔路口，汉子赶紧跳下车，想叫牛朝后退几步，但他不吆喝牛，而是用双手扳住车子向后拖。而牛没听到往后退的命令，仍拼命朝前走。于是，一个向后拖，一个朝前走，就在大路上顶起牛来……汉子再有劲也没牛劲大，因此被牛拖着走，他越来越生气，但仍不放手。而且这个汉子还受过刺额割鼻的刑罚，这显然是因为他触犯了法律或规律造成的。

　　毫无疑问，这不是牛的错误。牛不喝水不能强按头。卦象中的汉子是不懂驾车之道，空费了不少蛮力，生活中的很多人则是不懂得驾驭生活，不懂得因势利导，把本来轻而易举的事情搞得越来越费劲，与事愿违，还像那个跟牛教劲、跟牛生气的汉子一样，跟生活教劲，跟生活生气。

　　生活需要勤奋，需要努力，也需要智慧。生活有时候不讲道理，但它有自己的规律，把握生活的规律就是最高的智慧。否则生活这头牛发起脾气来，可就不是一把草能把它拉回来的了。

　　翟鸿燊先生也讲过一个关于牛的小故事：

　　古代有父子二人，每天都去山上砍柴，然后装在牛车上，拉到集市上卖掉。这算是比较高级的樵夫，有车一族。有车就需要驾车，其中的父亲驾车有经验，但是他眼神不太好，因此每次转弯时都得由儿子提醒一声："爸，拐弯了！"有一天，父亲病了，儿子只得自己上山砍柴，再驾车拉到集市上。不一会儿，到了一个弯道，儿子又推又拉又吆喝，牛却说什么也不肯转弯，眼看牛车就要驶上岔道，儿子忽然想到了什么，立即贴着牛耳朵大声喊道："爸，拐弯了！"老牛应声而动。

　　拉车的牛是这样，耕田的牛也是这样。有句话叫"瞧瞧是耕坏了地，还是累坏了牛"，对一头牛来说，耕地可能是最累的工作，因此很多牛耕地时不免犯犯牛脾气，但生为一头牛，犯牛脾气有什么用吗？轻则抽它一顿鞭子，重则把它送上千家万户的餐桌。有些农民喜欢教劲——你不是不想耕地吗，越不想耕我越让耕，耕完了再耕一遍，瞧瞧是耕坏了地，还是累坏了牛！这些可怜的牛在它们的主人面前，能有什么办法？也只有逆来顺受了。

　　生活上，学习上，工作上，很多人也在有意无意地扮演着这些牛的角色。遇到"拉车""耕地"等不愿意干的事，他们不是想办法把车拉好，把田耕好，"一边抬头看路，一边低头拉车"，而是犯起了牛脾气，气急败坏，连吼带跳，这样能把路吓坏，还是能把田征服？

　　想过好生活，必须学会处理问题，因为生活就是一个又一个问题的堆积。有问题并不可怕，也不值得烦恼，躺在墓穴里没有任何问题也没有任何烦恼，所以有问题是一种幸福。生活中我们都有这样的体会，有些问题，一经解决，立即云淡风清，豁然开朗，心情比遇到问题之前还要好，接下来的问题，处理起来也感到事事顺心。只有在问题处理不好，越积越多时，问题才是个问题。

　　有些问题处理不好，是智力和经验的问题。而有些问题处理不好，比如前面讲到的几个故事，则是因为当事人缺乏一种处理问题所必须的良好心态。生活中少不了问题，不管你喜不喜欢，问题已经来了，它绝不会因为你不喜欢掉头而去。所以，解决问题的第一步就是冷静地看待它，好好和问题谈谈，研究它的来龙去脉。研究透了，问题也就解决了。

为什么很多人问题一来就冷静不下来呢？这种人得学会和自己谈谈。不要和问题做对，更不要和自己做对。问题来时，要问问自己，为什么这么爱生气？生气是有助于解决问题，还是会让简单的问题复杂化？这个问题到底有多难解决？解决不了又对我的生活有多大的影响？我自己到底能不能解决？我要不要请个高手来帮忙？等等。回答完这些问题，大多数人都能从理智的边缘走回来，重新看待问题，思考对策。即使有些问题一时甚至永远也解决不了，但至少我们已经从困境中走了出来。别指望解决掉所有的问题，因为这恰恰很多人犯的最大的问题。

第十二份忠告：攻守兼备

1. 解决前是困难，解决后是经历

　　最近一段时间，影坛上最夺人眼球的，恐怕非陈可辛执导的电影《夺冠》莫属。影片以传奇中的传奇——中国女排传奇人物郎平为主线，再现了从上世纪80年代中国女排首夺世界冠军，到2016年里约奥运会中国女排夺冠期间，几代中国女排队员不同阶段的状态与精神风貌。正如清华大学副教授梁君健所说："不论是从去年国庆档上映的《我和我的祖国》《中国机长》，还是今年亮相国庆档的《夺冠》《我和我的家乡》《一点就到家》，都展现了现实主义的力量和以人民为中心的创作观念。在社会经济快速发展和迅速转型的历史时期，上述这些精品力作的创作者们从观众喜闻乐见的小故事切入，通过对小人物的深入挖掘，呈现个体与国家、个体与时代之间的丰富而又多元的有机关联，从而成功唤起了当代中国人内心深处的集体记忆与价值共鸣。"

　　不仅如此，没过多久，刚刚从里约奥运会凯旋归来的中国女排一行来到清华大学，与清华学子进行交流和互动，弘扬女排精神与清华精神的同时，也为彼此注入更多内涵。用清华大学党委书记陈旭的话说，就是"清华的老师和同学们特别喜欢女排，除了对于女排成绩的赞赏，还有更重要的一点，那就是在精神上能感到共鸣。因为清华有着'自强不息，厚德载物'的校训，有着'行胜于言'的校风。新中国成立后，很多清华师生奋斗在祖国建设的一线，和老女排一样艰苦创业，为摘掉旧中国'东亚病夫'、贫困落后的帽子而努力。今天，在不断变革的世界中，我们要展现中国新的风貌，

清华给青少年的一生忠告

更加自信从容。虽然我们和女排工作在不同的领域，但精神的内核是相通的。"

女排姑娘们说："我们参加奥运比赛，犹如你们参加高考一样，也会有压力。我们比赛是一个团队，有教练指导，队友互相帮助，遇到困难的时候一起谈谈心，找出问题，克服困难。学生也一样，身边也有同学，可以互相学习，互相帮助，互相成长。在绝对实力不占优势的情况下，我们订了个小目标，好就是'先赢一场球'，打一场，进一步，把精力集中于每一个球。无论如何，我们都要喊，"come on！ （加油！）"这种"放马过来"的豪气和韧劲，让清华学子产生了强烈共鸣。

"轮椅学霸"、清华本科生特等奖学金获得者矣晓沅适时向女排姑娘们提问："有时为了目标而奋斗，需要付出一部分健康的代价，这样是否值得？"对此，队长惠若琪回答道："医生的支持和我自己对奥运梦想的不放弃，让我能克服伤病、重返赛场，并且在场上展现出最强大的一面。拼搏的路上付出代价在所难免，但困难和挫折都会成为你的财富。所有的困难，解决之前是'困难'，解决之后是'经历'。"

确实。矣晓沅的经历，也完美诠释了这一点。我们就来看看他的过往。

1991 年，矣晓沅出生在云南玉溪。6 岁时，一场突如其来的疾病永远地改变了他的生活。他患上了类风湿性关节炎，这是一种侵蚀破坏人体关节，并且无法治愈的疾病，在医学界被称为"不死的癌症"。"一开始我只是跑不快，跳不高，走不远。但是慢慢地我发现，我跳不起来了，我跑不动了。"11 岁时，由于并发双侧股骨头坏死，他再也无法站立。这再来的不仅是身体上的痛苦，更多的是精神上的折磨。

矣晓沉记得这样一个细节：有一次，家人都出去忙活了，只剩他一个人。正在学习的他忽然要用到一本参考书，参考书在书包里，书包在地上，他拿不到书包。"当时我用尽了手边一切能找到的工具，尺子、绳子，想方设法，像钓鱼一样，把那本参考书从书包里钓了出来，总共折腾了40分钟，终于拿到了那本参考书。"矣晓沉说，"我刚拿到那本参考书，我的父母也回来了，当时我就觉得我这40分钟白忙活了。"

面对类似境遇，多的是自暴自弃的人，但矣晓沉选择了坚强。他不想让自己沦为家人的负担，而现在的他能对家人表达感激的最好方式，同时也是唯一的方式，只剩下"好好学习"了。长话短说，他最终拿出了679分，全省第16名的骄人成绩。紧跟着欣喜的就是担心，今后自己怎么面对求学的困难呢？这时，清华的招生老师找到了他，一句话让他更加自信："清华绝不会放弃任何一位优秀的学生。"最终，他被清华大学计算机系录取，并且拿到了清华学生的最高荣誉——特等奖学金。

解决之前是"困难"，解决之后是"经历"，这话其实也适用于每一个人。在很多时候，解决困难与问题，也不仅仅是"坚持"两个字那么简单。女排姑娘们仅靠"坚持"就能胜出吗？未必。没办法突破的坚持，只是时间的兀自流逝而已。男足不也在坚持吗？坚持了一场又一场，坚持了一分钟又一分钟，到最后，只是球赛结束了而已。有人说加上"拼搏"就行了，这依然是笼统的说法。俗话说，"打铁还需自身硬"，如果我们不打铁呢？一味地硬显然是不合时宜的。所以，至少还应该加上"智慧"二字。

清华著名校友、中石化副总经理喻宝才在母校演讲时曾经讲过一个小笑话，说有位父亲问儿子：要是遇见了狼，应该怎么做？儿子回答：我就逃跑。父亲很不满意，训斥他道：胡说，你怎么这么懦弱？应该用刀对付它。儿子接着问：那么两只狼呢？那就用猎枪打它们。要是有十条狼呢？父亲没办法了，无奈地说：那你还是跑吧！这个笑话说明了什么呢？喻总说："傻子才会硬碰硬！不必强调什么女排精神，也不必说我们清华精神，人必须有勇气，必须敢打敢拼，不然他连基本的生存都很难，社会竞争日益激烈，这是大家有目共睹的。但是光拼也不行，一定要有技巧含量的拼，要有智慧成分的拼，在高段位上拼。当对手过于强大，或者客观条件不利于自己，没有取胜的把握时，不仅不能拼，还要撤，先作战略转移，保存实力，以图东山再起。"

2. 耐得住寂寞，守得住繁华

讲清华，必然绕不过高考。清华不是每个人都能进的，也没有那个必要，但高考对于每一个人都有着非常重要的意义。很多人正是通过高考，改变了自己的人生轨迹。如果能考上清华，也算是取得了阶段性的重大胜利。

然而，正如时下的清流们所批评的，言必称"清华北大"，也是在把人往岔路上引。考上了清北，当上了学霸，也还要耐得住寂寞，才能守得住繁华。

在这一节，我们来讲一个非常不一般的学霸——张非。这个与众不同的学霸，有着更多的复杂性，能够让更多年轻人从深层次了解学习与考试以及生活本身。

对于一般的学生而言，普遍都只会参加一次高考，但是在我国四川地区，却有这样一个"考霸"，他曾经参加过许多次的高考，并且在每次考试中都能名列前茅，据统计，他曾考入过一次北大和两次清华。这样一个优秀的学霸，现如今的状况又是怎样呢？

张非出生于四川一个普通的农民家庭，小时候并没有什么过人之处，进入高中之后，才开始展露头角。整个高中时期，他一直保持着非常好的成绩，首次高考，他也以非常优异的成绩考入了复旦大学。众所周知，复旦大学也是全国双一流大学，还是中国人自主创办的第一所高等院校，对一般学生来说，能考上复旦就已经是非常求之不得的事情。但在张非看来，复旦不能去，必须上清北。因此，他决定复读一年，再参加一次高考。结果第二年，张非如愿考入了北京大学，本来应该就此展开美好大学生活的他，却在这个时候沉迷到了网络游戏之中，并且无法自拔。没办法，在短短一年内就有七门成绩不及格的情况下，张非被北大劝退了。

张非回到了高中，打算重新参加高考。也许是对北大有阴影吧，这一次他以优异的成绩考入了清华。然而，进入清华园后，张非并没有吸取之前的教训，反而对网络游戏更加沉迷了。就这样，张非又一次因为学分问题被学校劝退。

怎么办？张非的办法是接着考。通过高考，他又一次进入了清华。这一次，他也不想再次被劝退了，即使他依然沉迷网络游戏，但最终他也勉强修够了学分，从清华大学毕业。但是，这张华丽的文凭并没有给他带来多么光明的未来，因为在他的生活中，网络游戏依然是不可或缺的。就这样，即使他走入了社会，也一样无心工作，有点时间和精力就想跳进网络世界的循环中。所以，他虽然修够了学分，但是当他想继续考研时，由于他的黑历史，学校内的很多导师都不愿意接受他，他不得不离开学校，走上社会。后来，他通过自己的考试天赋考取了当地的公务员，有了稳定的工作与生活。但我们知道，如果他没有沉迷网络游戏，在清华这个培养各种尖端人才的大舞台上，肯定会有更精彩的未来，而现在，用一些媒体话说，只能是"泯然众人"矣。

我们并不支持诸如清华学霸回老家当普通公务员就是失败的论

调，我们更关心是什么原因，让张非成为"高考钉子户"，一次次跃上潮头又一次次跌落谷底？归纳起来说，还是教育的问题。

张非的母亲祝明灿讲过一件小事：有一年春节，她当着亲戚的面骂儿子整天上网不懂事，结果 30 天后，张非才回家。他揣着压岁钱，在网吧吃住了一个月。"张非性格偏得很，每次都会比你更硬。"但这显然不是父母不管教孩子的理由。事实上，越是有问题的孩子，越是要在方方面面加强管教与引导。

张非的一位高中同学则说："在成绩与智商唯上的教育氛围中，张非身上的缺陷总是被淡化，甚至被美化。张非不爱运动，体育成绩刚能过线。有一回我和父亲争吵，我说我起码比张非跑得快。父亲反驳我说：跑得快有屁用？中考不就加 10 分嘛。人家张非天天打游戏，还总考第一。如果你有人家一半，我也任你玩！""回想我爸当时的眼神，恨不得把我当成垃圾扔了。"这位男生后来也考上某高校，但他说，自己至今还活在张非的阴影中。

在张非屡次复读的南充十中，张非不仅享受着熊猫级待遇，老师们会为他量身制定复习计划和模拟试题，对他的答卷全批全改全评。而且学校还不止一次在他考入清北后，奉上巨额资金。

总的来说，孩子最初都没有什么问题，都是被浮躁的社会风气和学习氛围所误导，再加上互联网时代有着太多诱惑，年轻人又缺乏定力，不知道耐得住寂寞才守得住繁华的道理，所以，像张非这样的复杂教材也并不是只有一例，但结局或多或少都令人感到遗憾。

我们再来看看另一位清华学霸——王爵的故事，他中学毕业于人大附中，2010 年考入清华大学土木水利学院，学习建设管理系工程管理专业的同时，选修经济学。大学三年学业成绩名列前茅，3 年总学分绩排名专业第一，因成绩优异免试攻读学术型硕士学位研究生，研究房地产经济与管理方向。

王爵的成绩是优异的，第一，并且连续三年，绝不是盖的。但翻看他的履历，我们发现他并无多少天赋，高中时还有明显的弱项，如英语。后来，通过有效的学习方法与每天雷打不动的投入精力与时间，才守得云开见月明。进入清华后，不少人认为可以松口气了，王爵却知道，真正的学习才刚刚开始。正常上课自不必提，自习到凌晨也是家常便饭，为的就是完全消化，理解透彻。有一段时间，他连续每天只睡 4 个小时，困的不行，忙的不行，直到将忙碌变成习惯，累也觉不出来了。进入大四，并且免试读研了，他依然没有放松，还是一如既往地穿梭在教室与自习室之间。这样的学生，又怎么会学不好？又怎么会有导师拒绝他？

第十三份忠告：张弛有度

1. 人生就是不停的战斗

"人生就是不停的战斗"——这是著名作家、导演九把刀在清华大学演讲时的主题。他开场即说，"人生就是不停的战斗"有点儿太过励志，而我本人却是个非常不励志的人。换言之，他是通过不停的战斗，才走到今天，成为了励志典范。

"这个演讲我们先从一个从小就长得非常白痴的人开始说起。"他说，"我小时候笑得非常像智障。幼稚园时的我，非常喜欢画画，每次上画画课我都非常非常地开心，因为很多同学会以最快的速度把他们的图画纸放在我的座位上，希望我帮忙构图，描边，或者在指定的位置画一只怪兽或者恐龙等。这时候我非常地开心，因为我从小运动就很烂，功课也不行，而同学们都用行动告诉我说，你非常会画画，所以会画画这一点就变成我人生中的所拿到第一个宝藏。

小学三年级时，赶上原子小金刚（即铁臂阿童木）热播，我非常痴迷原子小金刚，于是以它为蓝本，画了很多漫画，用图画来说故事。我画了很多的画面，比如让原子小金刚跟怪兽讲话，跟机器人讲话，跟恐龙讲话，同学都非常地捧场。他们用那种很大张的透明的塑胶盖住我所画的连环画，然后上课传阅，并且催促我要赶快画出最近的剧情。被催促之后我更加开心，就画得非常的热血。从那个时候开始，在作文簿上面写我的未来、我的梦想、我的希望时，我都会写我将来想要成为一个漫画家，并且觉得我的梦想一定会实现。

我的父亲也很支持我，我也顺利考入了我们家乡的精诚中学第一届的美术资优班。可是最终，我发现自己缺乏成为一个漫画家应该具备的才能。因为我从一个同学身上看到了真正的天才。我长期以为自己很会画漫画，其实是因为我之前的同学根本不会画画，他们只喜欢读书。所以我只是画得比一般人要好而已，我大幅领先他们，并不代表我就非常厉害。我知道自己确确实实没有当漫画家的才华，我试过了，我知道了。而且我失望的速度要比一般人来得快，这是没有耐性的最大的副作用。

　　除了愤怒、失望与伤心，我当时最大的情绪是害怕，非常害怕，因为我的学业超级烂，我没有自信可以毕业。幸好那个时候，老师安排了一个女孩子坐我后面。以前，老师安排女孩子坐我后面的时候，我会觉得她们是就近监视我，非常不爽。但这次老师安排坐在我后面的女孩子，不太一样，她的名字叫作——沈佳仪。

　　我非常喜欢沈佳仪，因为沈佳仪非常漂亮。男孩子没什么情操啦，很容易被她们庸俗的美丽的外表所吸引。沈佳仪非常的可爱、漂亮，我好喜欢她，只可惜她有一个非常变态的兴趣，那就是努力用功读书。我要追求她就只能把我的屁股，牢牢地黏在椅子上，花所有的时间来念书，没有别的捷径。那时候，我每天晚上念书念到一点半或两点，隔天早上五点，我妈妈就会甩我一巴掌，叫我起床，不起就把我拉起来，把我拉起来之后，我妈就会用闪电的速度，睡在我刚刚睡觉的位置上，就是不让我睡回笼觉。

　　到学校之后，我就会问沈佳仪："沈佳仪，这题不会，教一下。"沈佳仪看一下题目，就会非常温柔地跟我讲："柯景腾，这一题对你来讲太困难了，你要不要先从简单的开始算起呢？"我就非常不屑地说："不要，我就要算这一题。"沈佳仪就会面有难色地说："哦，好吧，首先你要设什么为X，然后再设什么为Y，接下来接下来……"我就会接下去说："接下来是不是就是要用什么样子的观念再套上什么样子的公式，就可以解出来对不对？"沈佳仪就会痴痴地看着我说："诶，你还蛮聪明的耶。"她哪里知道，在上学之前，我早就把这道题解了出来，并且背了下来。我问她当然不是为了要知道问题的答案，而是想要让她知道，我也有一点点聪明，不要觉得我是笨蛋。

就这样子，我花了所有的时间在努力用功读书，成绩开始变好。等到毕业前最后一次全校考试，我已经考到了全校第21名。成绩突飞猛进的关键是什么？有人认为是努力用功读书，有人认为是伟大爱情，其实都不是，主要是因为你之前的成绩烂到爆炸，给自己留下了突飞猛进的余地。而那些只会考第一的同学就很值得同情，因为他们的人生除了失败以外，没有别的可能性。

国中毕业后，沈佳仪直升精诚中学的高中部，我和很多男生都非常喜欢沈佳仪，我们也都决定直升精诚中学的高中部。上了高中之后，沈佳仪的兴趣依然没有改变，依然非常喜欢努力用功读书。我从来不喜欢读书，但我觉得喜欢一个人，就要偶尔做些自己并不喜欢的事。所以当我发现沈佳仪只要晚上没有补习，她都会留在学校读书的时候，我都会偷偷地，在沈佳仪读书的教室附近开另外一间教室，陪她读书。我在她附近开另一间教室读书，就是不希望沈佳仪发现我喜欢她，刻意跟她一起留校，但我又忍不住会用最大的音量朗诵英文，让她察觉到我在附近。每次我们从六点半开始念书，念到大概九点十五分时，我就会感觉到沈佳仪从我的后面，偷偷摸摸地接近。她自以为偷偷摸摸，但男生的耳朵，从小就是听父母的脚步声长大的，我们的耳朵是我们身上第一个发育健全的器官。所以沈佳仪慢慢地从我后面接近的时候，我早就知道她在接近了，但我装作不知道，装作努力用功读书。直到沈佳仪拿着一盒夹心饼干，轻轻敲着我的后脑勺或我的肩膀的时候，我才会蓦然回首说："哇，沈佳仪，你也有来哦！"就会很假。

后来，我非常想要和沈佳仪通信，但开不了口。于是我对沈佳仪说："沈佳仪，我决定了，我决定我的英文要开始进步，所以从明天开始我每天要写一封英文的信给你。"沈佳仪就说："啊，好吧。"过一阵子，我就跟沈佳仪说："沈佳仪，我发现，只有我一个人英文进步并不公平，从今天开始，你要每天写一封英文信给我。"沈佳仪说："啊，好吧。"就这样子，我们就开始通信。

很多人，都是从媒体上认识的我，都觉得九把刀这么火爆、热血、叛逆的人，他的青春一定过得非常乱七八糟。但不是这样的，我的青春，全部都在努力用功读书。我的青春，全部都是沈佳仪。

但是我们并没有在一起，上大学时我们就不在一所学校了。原因很可笑，我为了追沈佳仪，考上了她心仪的学校，她自己却没考上。放榜当天晚上，沈佳仪打电话给我，一直哭，嚎啕大哭，我也一直哭，而且非常生气：我念书，所为何事？是为了赚钱吗？是为了当官吗？是为了配股票吗？不是，我念书只是为了和沈佳仪在一起，却办不到。

后来，因缘际会，我开始写小说。那时我才发现，原来我以为的老天爷给我的第一个礼物，是一种误会。他真正想要告诉我的是，你这么喜欢说故事，但是你却用错了翅膀。你或许没有用图画说故事的才能，但你或许有用文字来说故事的才华。

所以我开始写小说，之后就欲罢不能。我非常感谢前面 5 年我的小说持续地不看好，卖得很烂。这让我有很长的一段时间可以自我审视，我到底有多想要、多喜欢做这件事情？我非常非常的幸运，正是因为我的小说卖得很烂，让我跟小说维持了很长一段没有金钱的关系。我想趁现在跟大家讲一件事情，那就是，如果你非常想要成为一个作家，你每天非常认真地写作，但是连同学都不想看你的作品，放在网络上也没有人想看，出版社也没有人想帮你出版。但你心中可以忽然燃起一盏明灯，当你想起曾经听过九把刀的演讲，听他说过很多年他的书都卖得很烂的时候，你心里面会想：我要继续坚持下去，总有一天，掌声会响起！

九把刀的演讲长达两小时，但每句话都精彩，都个字都不同。有兴趣的朋友可以直接去网络上读，这里只是讲其梗概。正如九把刀在演讲最后所总结的，"我不知道现在怎么跟我的目标搭上线，只知道总有一天会连结在一起。我人生拿到的第一个礼物叫作'漫画家'，打开来，发现老天爷叫我去吃大便，隔了很久才发现，原来老天爷不是叫我去吃大便，而是告诉我，我这么喜欢说故事，应该要找到一个适合我说故事的武器，而这个武器不是漫画。我人生拿到的第二个礼物叫作"沈佳仪，我们永远在一起吧"，打开来，有个女孩告诉我"那就不要再追啦"。多年之后我才发现，原来沈佳仪已经永远和我在一起了，她告诉我爱情的可贵，告诉我努力用功读书的重要。我人生拿到的第三个礼物，上面写着'小说家'，打开后发现风景非常灿烂，让我有了今天的机会，也让我有足够的力量去接近人生中的第四个礼物，也就是'电影导演'。这个礼物盒子也已经打开来了，成果也非常的绚丽，让我觉得自己是一个非常非常幸运的人。我在各位这个年纪的时候，我在做什么？我不知道自己将来想要成为一个什么样子的人，我很迷惘，但是我没有放弃追寻。我一直好想知道自己会成为一个什么样子的人，所以我一直一直不停地拆礼物。各位这么年轻，这么有潜力，肯定会拆出非常非常多的礼物。我想鼓励大家，好好地珍惜你手中那个关于梦想的礼物盒子。也许一开始你会觉得非常非常的不顺利，但是只要你真心真意对待手中的礼物，努力把它打开，不管看见的东西是什么，它一定会成为你拆到下一个礼物的动力。怀着真诚的希望，勇往直前，有一天，你也会跟我一样，看见神的微笑！

2. 歇息是为了更好的前行

清华出了很多科学家，也出了不少企业家，这大家都知道，鲜为人知的是，清华也出了一些著名的佛学家。比如著名的龙泉寺五大高僧，就有 3 个出身清华，分别是贤启法师（清华大学核能物理博士）、禅兴法师（清华流体力学博士）和贤清法师（清华热物理博士）。所以，龙泉寺还有个"小清华"的称号。佛学的事我们就不解读了，解读不好就成了误解。我们只引用一个小故事：

话说佛祖有个弟子，叫二十亿耳，他原本是个富豪之子，从小生活优裕，生下来就没有踩过地皮，因为他走到哪里，哪里就事先铺好了地毯。他也有极高的音乐天赋，这从他的名字就能看出来。但他后来皈依了佛教，用功非常刻苦。当时有一门功课叫"经行"，简单来说就是光着脚在室外行走，二十亿耳由于没有踩过地，因此走了没多久就把脚磨破了，以至于路上都是鲜血。佛祖知道后就对他说："你可以例外，穿着鞋走。"二十亿耳却坚持和大家一样苦修，只是这样坚持了很久，他也没觉得自己有什么进步，以至打起了退堂鼓，想还俗回家。这时，佛祖及时开释他说："你出家前最喜欢什么？""弹琴。"佛祖又问："琴弦如果太松了，弹起来会怎样？""要么发不出声音，要么声音不纯正。""琴弦太紧了又怎样？""弄不好就会弦断声绝。""如果弦不松不紧正适合怎样？""那就可以奏出美妙的音乐了。"说到这里，二十亿耳已经明白了。此后，他把握"不松不紧"的原则精进用功，很快便有了不俗的成就。

我们普通人求学、做事、生活，其实也应该把握这个原则。而且"不松不紧"这四个字看似容易，做起来其实很难。生活中的大多数人是要么过紧，要么过松，难以奏出生活的协奏曲。有些人明明不应该松，不应该闲，但他不但闲得自己发慌，还影响别人用功，这样的人，清华北大这样的名校也不鲜见。有些人明明应该松松了，却有如上了发条的时钟，终日在惯性的推动下，坚持、坚持、再坚持，直到坚持不住的那一天。

是的，我们说过，清华的校训就是"自强不息，厚德载物"，但"自强不息"也不是让人不休息，"厚德载物"也有个承载上限。事实证明，正常的休息并不影响学习，休息不好反过来会更严重地影响学习。因为学习不是坐在那里就行了，学习需要全身心地投入，而这离不开能量。以前人们总是强调时间管理，但没有能量参与的时间管理，其实是个伪命题。

之前我们曾经介绍过清华大学客座教授翟鸿燊先生，他在清华经管学院讲过一堂课：

翟先生手持一杯水，问学生们："这杯水有多重？"大家纷纷回答：20克、50克、80克、100克……最后，翟先生摇摇头说："实际上这杯水现在多重并不重要，重要的是我端多长时间。端一分钟，没问题。十分钟，也没问题。但一个小时，手臂就会疼痛。一天呢？估计在座的就得给我叫救护车了。大家知道，无论我端多长时间，这杯水的重量都是一样的，但端得越久，它就显得越沉重。这就好比生活中的压力，原本没有，但如果我们总是扛着沉重的负担，负重前行，压力就会与日俱增，总有一天会让人崩溃。所以，今晚大家听完这堂课以后，就像我放下这杯水一样，暂时放下所有的负担，不要像往常一样，把它们带回宿舍，或者带回家，要好好地睡一觉，休息好了才能走得更远，暂时忘记它们你才能更好地拥有它们。"

确实，人生路难行，所以才有"苦旅"一说。当然也有人把它称作"乐途"的，不过苦也好，乐也罢，走得远了，肯定会累。累了，就歇一下，这是连小孩子都懂的道理，但很多成年人却做不到，名利的鞭子抽着他们，根本停不下来。

我们无数次地讲，我们并不否认坚持，更不否认成功。但不管你成功与否，人生的路都得走下去。你可以像要求百米运动员一样要求自己，也可以不快不慢地悠然前行。你可以披星戴月，起得比鸡还早，睡得比狗还晚，也可以像日月运行一样，按照正常人应有的生活规律生活：天亮了就起，天黑了就睡，累了就休息，不累了就继续上路。不虚度光阴，也不与时间赛跑，而是与光阴同行，与时间同乐，不好吗？不可以吗？

搜狐掌门人、清华大学物理系学士、美国麻省理工学院博士张朝阳也曾经说过："我的目标绝对不是成为最伟大的企业家。我相信历史上有记载的最伟大、最成功的企业家，他们一定不是最快乐的。他们活得很累、很窝囊的。在我的价值体系里，我既不羡慕比尔·盖茨，也不羡慕李嘉诚，我也不羡慕乔布斯。假如遇到他，我都没问题可问的。我羡慕最快乐、不焦虑的人。他们也赚了钱，但不是最伟大的，所以历史没有记载他们。说穿了，我就是个浑不吝的人，一个顽主加犬儒。以前我曾经认为，越有钱，越有名气，就越幸福。但是经过这两年的闭关，我认为钱多不是幸福的保证，钱多少跟幸福没关系。我这么有钱，却这么痛苦。我追求的是——首先要把'必须做什么'和'应该做什么'的责任和义务从我的辞典里删去。这几年我就是一个不断删除的过程。目前来说，还没有删完……我现在更关心的是做我自己的人体实验。一个人健康是怎么来的，思维对人的健康有什么影响。我就想做一个实验：当我停止思维的时候，可能我就不得病了，也不衰老了，可能也不死，就会活得很长，活到 150 岁。"

这位理科男还特意提到了一种传说中的小虫子——蝜蝂。出处是唐宋八大家之一的柳宗元写过的一篇散文，简单来说，这种小虫子生来喜欢背负东西，它们爬行时，一遇到东西就会抓取过来背在身上，因此走不了多远，它们就会因为负重过多，累得走不动路。有人可怜它，替它去掉背上的东西，但蝜蝂只要还有一丝力气，总是会把那些东西再次背上。另外，它们还喜欢往高处爬，因此它们的结局不是累死，就是摔死。到今天，谁也见不着蝜蝂了，估计是累得绝了种。人类倒不至于像蝜蝂那么傻，但类似的事情在我们身上也很普遍。张朝阳本人就是这样，他在文章中写道，"我曾经面临人生的刀锋。那几年过得比较惨，人都彻底凉了，头都要炸了的感觉，每天睡不好觉，每天应付很多事情，每天到公司都特难受，还要装得跟正常人一样，不敢被别人知道。那时候我身心憔悴，被折磨得不行了。我焦虑、抑郁，精神上常常处于一种外人无法理解的恐惧之中。因此我跟团队说，我不能工作了，我必须去解决我的问题。"

现在，或许很多人早就忘了这个曾经的互联网海归创业第一人头上的光环，搜狐这家公司又屡屡在一些明星产品上被后起之秀超过，但不得不说，张朝阳起码还是中国第一代互联网公司中"活"得最久的一个创始人。由于众多原因，搜狐没能成长为超级航母，但张朝阳可以一连几个星期躺在游艇上晒太阳、钓鱼，那艘游艇一度也是中国最豪华的。有人说，这有点儿炫富了。其实不然，张朝阳真的不是一个普通的企业家，他真的做了普通企业家做不到的许多事情。

第十四份忠告：以慢打快

1. 欲速不达，过犹不及

清末民初，有个文人叫王文濡，他编了一部书叫《续古文观止》，里面收录了清代 60 多位古文名家的作品共 170 余篇，其中有一篇叫《小港渡者》，作者是周容，全文如下：

庚寅冬，予自小港欲入蛟川城，命小奚以木简束书从。时西日沉山，晚烟萦树，望城二里许。因问渡者："尚可得南门开否？"渡者熟视小奚，应曰："徐行之，尚开也；速进，则阖。"予愠为戏。趋行及半，小奚仆，束断书崩，啼，未即起。理书就束，而前门已牡下矣。予爽然思渡者言近道。天下之以躁急自败，穷暮而无所归宿者，其犹是也夫，其犹是也夫！

翻译成白话文如下：

顺治七年冬，我在一个小码头弃船登岸，前往镇海县城，小书童用木板夹捆着一大摞书随行。当时太阳已经落山，傍晚的烟雾笼罩在枝头，望望县城还有约两里路程。我问旁边的摆渡人："请问我们走到县城南门时，城门还会开着吗？"摆渡人仔细打量了小书童一番，回答说："慢慢着走，城门或许还会开着；若是走得快了，城门肯定会关上。"这是什么逻辑？！我有些生气，认为他在戏弄人，便不再理会他，吩咐小书童快步前进。结果没走多远，小书童摔了一跤，捆扎木板的绳子断了，书也散了，小书童坐在地上，哭着不肯起来。等到我把书理齐捆好，城门已经下锁。我忽然意识到那个摆渡人说的话简直就是哲理，天底下那些因为急躁鲁莽给自己带来失败、弄得昏天黑地到不了目的地的人，大概就像这样吧！大概就像这样吧！

这篇文章，小中见大，非常高明，历来为人称颂。而且它还有个背景，也就是说这篇文章的作者周容，在当时是名人，有才气也有侠气，他本人虽未反清复明，但明亡后就出家为僧，后来因为母亲需要奉养才又还俗。再后来，清廷召其入京，也坚辞不就。而那些风起云涌的抗清义师虽风起云涌，但皆因仓促召募，准备不足，后纷纷失败，这篇散文是有感而发。

当然，文章所阐释的"欲速则不达"的道理是放之四海而皆准的。所谓"天行健，君子以自强不息"，很多人都把它理解错了，理解为无止境地加班，理解为996，甚至理解为997，其实怎么可能呢？太阳每天东升西落，到点上班，到点也下班，从不加班。所以中国的古人一向都是日出而作，日落而夕，脚步不快也不慢，总是踩着生命的规律前进，脚步从容，呼吸顺畅，并不影响成功，也不容易出现各种身心问题。

必须承认，人类需要不断地追求，惟有如此，人类社会才能不断地进步。"追求"的近意词是什么呢？是追逐。自然界每天都在上演着各式各样的追逐，但没有任何一头狮子会在一天之内追逐、杀死超过自身食量的食草动物，只要能满足它们当下所需就足矣。而我们却不这么想。我们总想在最短时间内获得毕生所需，甚至想把子孙后代的需求和追求一手包办。我们应该看看身边实实在在的大自然，它每年都是春夏秋冬四季轮换，每月都是先月缺再月满，每一天都有白昼和黑夜……它的脚步那么从容，绝不落后，也绝不超前。任你明天就是全国人企盼的春节，它也不会提前分毫，它必须给你留下充足的时间，让你和所有人做好充分的准备，伴着午夜的钟声一起倒数：十、九、八、七、六、五……

清华名宿、著名作家与学者钱钟书，曾经在作品中写道："快乐的人生，好比引诱小孩子吃药的方糖，更像跑狗场里引诱狗赛跑的电兔子。几分钟或者几天的快乐赚我们活了一世，忍受着许多痛苦。我们希望它来，希望它留，希望它再来——这三句话概括了整个人类努力的历史。在我们追求和等候的时候，生命又不知不觉地偷渡过去。也许我们只是时间消费的筹码，活了一世不过是为那一世的岁月当殉葬品，根本不会享受到快乐。但是我们到死也不明白是上了当，我们还理想死后有个天堂，在那里——感谢上帝，也有这一天！我们终于享受到永远的快乐。"追求不是不可以，进取不是不应该，但正像前面古文中所阐释的，即使是为了追求，也要符合客观规律。人类发明"追求"这个词的本意是为了促人上进，而不是为了让人疯狂。

在这个浮躁的时代，很多人很容易地就会把理想升级为欲望，不看自身条件，不顾人品素养，只看钱，只盯着名利，不肯接纳普通的自己，不肯放过自己。这样的人，真该听听钱钟书的名言："我都姓了一辈子'钱'了，难道还迷信钱吗？"这话也有个背景，1991年，全国18家电视台联合拍摄《中国当代文化名人》，钱钟书为首批36人之一，但他婉言谢绝了。于是对方说，"会有一笔酬金"，钱先生莞而一笑，说出了这句幽默之语。坚持风骨，幽默表达，是钱先生最大的特点与人格魅力所在。

我的一位前辈也曾从音乐的角度谈及，古人的琴弦不仅内合五行，外合五音，最重要的是它的材质都是天然的、柔韧的，这主要是因为古人好静，他们的生活空间也安静。现在就不行了，不关上窗户根本就静不下来，所以很多乐器，比如吉他用的弦直接搞成了钢弦，就是为了让它发出更激越的声音。所谓"柴门闻犬吠"，现在也是听不到的了，现在能听到的是此起彼伏、连续不断的汽车声。

确实，每天早上，不管你起得多早，路上都有汽车与行人了。你再早也没用，再早直接碰上的都是还没睡的前一天的人。"所谓莫道君行早，更有早行君"，在古人的意象中，肯定与今人不一样。我们读唐诗，经常会碰上一个词——驿站。如果把当代人的人生比喻成一条路，那么这条路固然宽敞，固然繁华，但很多人忽略了一点，那就是我们都走在一条没有尽头，也没有任何驿站的路上。除非你愿意让自己狂奔的心停一停，为自己搭一座小小驿站，也让身后无数身心俱疲的人歇息一下，早点醒悟，早点回头。

2. 快时代需要慢功夫

曾经在杂志上看过一个小故事：

有一支欧洲科考队进入亚马逊雨林深处考察，他们雇了几个土著人做背夫和向导。前三天，这些吃苦耐劳的土著人背着沉重的科考器材仍然健步如飞，科考队员们一路小跑，仍然跟不上他们的步伐。科考队员们虽然累，但很开心，心想照这样进行，很快就能到达基地，到那里，就可以不用再担心肆虐的蚊虫和随时有可能蹿出来的毒蛇猛兽了。但到了第四天早上，当科考队员们收拾停当，准备继续出发时，几个土著人却说什么也不肯继续往前走了。队员们很奇怪，这几天大家相处的很好啊，怎么突然就撂了挑子呢？是不是想多要些报酬呢？土著人说绝不是，而是我们有一个传统：连续赶三天路后，第四天必须停下来休息，以免我们的灵魂赶不上我们的脚步！

与灵魂同行，是文中的土著人的传统，其实也是文明社会的心声。从国内到国外，从底层到中产，从富豪到百姓，没几个人不是身心俱疲，但脚下依然匆匆。实际上他们早就把心丢了，他们的累实际上是一种茫然，也是纵身物欲横流的必然。

各类选秀栏目的导师们喜欢用一个词——走心，走心也就是用心、经心、上心的意思，其潜台词就是下苦功、工匠精神、慢工出细活，等等。通常来说，走心的人走不快，除非他专门练竞走。

我们来重温一下孔子学琴的故事。

当时，鲁国有个乐官叫师襄子，他的专业是击磬，磬是一种打击乐器，师襄子显然是高手，因此人们又称他为"击磬襄"。搞好专业之余，师襄子还学琴，天长日久，琴技居然超过了击磬。孔子向他学琴时，能下苦功，天份又高，十天时间就能熟练地弹一首曲子了。师襄子很高兴，说："弹得不错了，可以学些新的了。"

但孔子说："是的，我已经很熟悉这首曲子了，但演奏技法还没有纯熟。"师襄子只好让他继续练习。又过了几天，师襄子又说："你已经掌握了技法了，可以学新的了。"

孔子又说："可我还没有领会曲中所包含的感情和意蕴。"于是又练了一段时间，师襄子再次提醒他说："你已经领会了其中的感情和意蕴了，这下该学新的了吧？"

孔子还是推辞："不，我还没有从曲中领悟出作者的为人。"

如此这般，又过了一段时间，孔子天天不厌其烦地弹那首曲子。有一天，他弹着弹着，神色逐渐变得庄重肃穆起来，若有所思，表现出一副心境豁达、志向高远的样子。弹毕，孔子高兴地说："我终于体悟出作曲者是个什么样的人了！他肤色黝黑，目光远大，胸怀宽广，如同一个统治四方诸侯的王者，除了周文王，还有谁能有这样的形象和气度呢？"

听了孔子的话，师襄子非常佩服，赶紧离席，拜了两拜，说："我听我的老师说，这正是周文王所作的《文王操》啊！"

什么叫大师呢？这就叫大师。不比不知道，一比很搞笑。我有个非常好的朋友，吉他高手，他演奏痛仰乐队的《再见，杰克》非常厉害，唱得也不错，但聊起来，他居然完全不知道这个杰克以及歌词中的凯鲁亚克是一个人，更不知道杰克·凯鲁亚克是何许人也。

孔子说过，"吾道一以贯之"，这个"一以贯之"的"一"究竟指什么，两千多年过去了，没人说得清。其实也不必说清它，通过孔子学琴的典故，我们不难看出，孔子练的是慢功夫。他不仅要通其曲，还要通其技，通其理，乐感、韵律、意境，都不能马虎，都不留死角。绝不像现代人，囫囵吞枣般学几曲，甚至一曲只学几句，就马上跑到抖音、快手上亮个相，收获几个小红心。

曾同时在清华、北大与北师大兼课的著名国学大师钱穆先生说过："古往今来有大成就者，诀窍无他，都是能人肯下笨劲。"钱穆本人就很聪明，博闻强记，有"神童"之称，但他从不以聪明自恃，而是几十年如一日地攻读，一丝不苟地做笔记，踏踏实实地钻研学问。用历史学家孙国栋先生的话说，钱先生无论是学问、精神、风采，都是朱熹之后惟一人。

苏东坡，这个中国文学史上可以排进前三的大才子，也是能人肯下笨劲的典范。

有一次，一个朋友去看他，苏东坡出来的有些迟，便问他在做什么。苏东坡说："我正在抄《汉书》。"朋友很不理解，你公认的天才，过目成诵，还用得着抄书吗？"苏东坡说："当然了，不过我抄书有方法。第一遍，我每段只抄三个字，第二遍每段抄两个字，现在是第三遍，每段只需抄一个字。"其实，苏轼不仅抄过《汉书》，还连续抄了三遍，其它的经典如《史记》等，他也是这样一遍又一遍地抄过来的，他还给自己这种学习方法起了个名字，叫"愚钝三法"。方法虽然愚钝，但是非常有效。有效到什么程度呢？有一次，苏轼问他的同乡，有着"小东坡"之称的才子唐庚："最近在读什么书？"唐庚说："《晋书》。"然后咣咣咣地讲起来，苏轼突然插入一句："里面有什么好听的亭子的名称吗？"把唐庚给问蒙了，真答不出来。事后他才领悟到，这是苏轼在教他深入的读书之法，大为感叹。

我们再来看一个近代的例子——诺贝尔物理学奖得主尼尔斯·玻尔。玻尔给外界的普遍印象是迟钝。他从小就行动缓慢，以至于他的父亲专门给他买了车床和工具，培养他的动手能力。这个慢性子却偏偏喜欢踢足球，位置倒也适合他，是守门员，但他经常走神，有时甚至会置激烈的比赛于不顾，在球门柱上演算数学公式。玻尔的功课并不差，尤其是物理学和数学。他还酷爱文学，但本族语言学得很费力。他一生都在用功克服这一困难，花了很多时间，一遍一遍地去抄写手稿，不管是科学论文、大会发言稿，还是给朋友的信件。起初他自己也不太明白为什么会这样，很久以后才恍然，这反映了自己当时对准确性的迫切要求，和使自己的文字能传递尽可能多的信息的强烈愿望。

再回到我们的国术——武术上，我们固然可以看到很多跳梁小丑在网上糟蹋武术，但同样可以借助网络，见识一些真功夫。我们也都知道，任何习武之人，任何高深的武功，都是从练基本功开始的。开始都是很慢，不练太多招式，先把体能练好，把马步扎稳，把内功练好，才能循序渐进，深入学习。因为后面的很多招式，如果没有前面的"慢功夫"做基础，会变成花拳绣腿或三脚猫功夫。

当今社会，竞争激烈，人人都是快递员，都在拼速度。生存压力使然，很多人变得急迫、浮躁，希望能够快速出人头地，达到人生的巅峰。但事情并不会因为我们着急就能进展顺利，很多时候越急反而越容易出差。就拿最俗的炒股来说吧，巴菲特曾经说过："为什么我的投资方法这么好，大家却不照做呢？因为很少有人愿意像我一样慢慢成功。"所谓"心急吃不了热豆腐"，不管是做学问，还是做事业，我们都要有基本的耐性，先练慢功夫，再以慢打快，不急于求成，却能更快地接近成功。

第十五份忠告：借力而行

1. 没有船就借船出洋

"出洋"一词，一度与中国近代史悉悉相关，在很大程度上还可以说它直接缔造了清华等中国著名学府。因为清华的前身叫清华学堂，这是一所"留美预备学校"，即"庚子事变"之后，美国人把"庚子赔款"中的一部分拿出来，作为留美中国学生的专项经费创建的留美预备学校。第一批留美学生仅47人，但这批学生中就包括后来成为清华校长的梅贻琦先生。到现在，一个多世纪过去了，清华在中美文化交流、人才交换以及全中国的大学建设、科技与学术水平提升上做出的贡献，有目共睹，无法计数。

不过，我们这一节所要讲的出洋，并不一定专指地理上的出洋，主要还是指思维上的开放与具体事务上的借力借势。清华大学教授，心理咨询中心主任李焰曾说过："没有船就借船出洋，没有路就借路突围，条件不具备的时候，不要老想着自己造船，自己开路。中国古人说，'君子善假于物'，今天的人，借力而行，善用资源，更是人生的重要智慧。"

的确，郑和下西洋，没有人关心他使用的是什么船。诸葛亮草船借箭，也没有人关心他使用的是谁的船。甲午战争，日本的战船与清朝的战舰都是西洋技术，但还是会有胜负之分。所以，造船下海，还是借船出洋，都不是关键，关键是能否下海与出洋，并且有所斩获，有所收获。

现在人们爱提蓝海与红海，而在改革开放初期，更多的人们面临的都是汪洋大海，一片茫然，没点儿善假于物的精神，便只能望洋兴叹。

李焰教授讲过一个传奇人物——吕双辉。现任泉州市新辉大投资发展有限公司董事长的吕双辉，生于1957年，小时候因家境贫寒，只上了两年半月，就带着稚气匆匆走上社会。1979年，20出头的吕双辉怀着梦想前往深圳，在五年时间里干遍了所有的苦活累活，掌握了一些与建筑行业有关的基本知识和技能。1985年，吕双辉的生活开始出现转机。由于他为人厚道，一个村民以8000元的总造价将一栋70平方米的私人建筑承包给了他。当时的吕双辉没有任何设备、人员和资金。为了将这个工程做好，他凭自己的信誉用100元一条的高价从一家小卖部赊出了一条"三五"牌香烟，然后找到另一家小卖部，问对方："这烟原价80元，60元卖给你，要吗？"对方见有利可图，当即同意。于是吕双辉又用同样的办法去赊第二条烟，去赊酒、赊米、赊面……一句话，只要你敢赊给他，他就敢要，而且保证能还。就这样倒来倒去，他最终凑够了购买原材料、租设备、请工人的首笔启动资金。之后，经过数轮"倒腾"，吕双辉终于完成了平生接到的第一个大工程。"其实，当时我一分钱都没有赚到，还赔进了自己的工资，不过，我就是靠这个起家的。"吕双辉至今回忆起来仍很自豪。

吕双辉的做法，颇有些"空手套白狼"的感觉。在现代人看来，"空手套白狼"绝对是个贬义词。但在古代，白狼却是和龙凤龟麟相提并论的祥瑞，白狼的出现往往和圣人或改朝换代联系在一起。很多古籍中都说，白狼是一种非常珍贵的吉祥动物，不是随随便便就出现在人间的。即使出现，也惟有有道德的人才能见到。普通人，也只能玩玩低级骗术。

中国人常说，要四两拨千斤，历史上有各种巧妙的例子，其实国外也不乏精彩案例。比如有一年，英国大英图书馆要搬家了，但是作为世界上最著名的图书馆之一，馆里的藏书非常丰富，光搬运费就要几百万，馆里根本没这么多钱。怎么办？有人给馆长出了个注意，让图书馆在报上登了一个广告：从即日开始，每一个市民能够免费从大英图书馆借 10 本书。结果很多市民蜂拥而至，没几天就把图书馆的书借光了。书借出去了，怎么还呢？大家还到新馆来。就这样，图书馆借用大家的力量搬了一次家。

时代发展到今天，世界各国收费的图书馆已经很少了，但要想成功，都得有相应的思维，很多时候，能借力，会借力，你就能轻松达到目的，事半功倍。就以互联网产业中的细分领域——前端 UI 来说，同样是做前端，为什么有人花了很少力气，举重若轻，就能够做得很好，有的人费尽全力，却依然错误百出？对框架的选择是重中之重。通常人们会考虑组件是否丰富、兼容性、界面好不好看等因素，事实上这些都不是主要问题，更不需要你一个个地研究透，你在选择适合自己的框架时真正要考虑的因素，是能否巧借力，又能否借巧力。说具体点就是分析框架是否足够受欢迎，能否持续发展，有没有丰富的文档。通常来说，越是受欢迎，说明使用的人越多，各种资源也就越多，能够交流的方式也就越多，被抛弃的几率也越小，你便能够更加安心使用该框架。

说到这里，不妨再谈谈开源代码，以及它背后的产权思潮。从美国回来的海归，尤其是从硅谷回来的人，都知道美国当前的产权思潮有东海岸和西海岸两大派，以华尔街为代表的东海岸强调一切向钱看，开源代码显然不符合他们的逻辑。西海岸则强调开放共享，如硅谷的开源与云服务。不得不说，没有这种精神，硅谷也没法利用华尔街的资本。但是显然，后者更代表未来发展方向。今天的美国如此撕裂，细看的话，不就是一场代码是否开源式的纠结吗？

2. 没有资源就整合资源

古代有个"齐女两祖"的典故，说的是春秋战国时期，齐国有个姑娘待字闺中，东邻的小伙子富而丑，西邻的小伙子俊而穷，二人都来求婚。问她中意哪个，齐女害羞，不好意思开口。其父说，这样吧，你也不必开口了，你要想嫁西邻就袒露左臂，你要想嫁东邻就袒露右臂，怎么样？结果他的女儿两臂皆袒，其父大惑不解，齐女只得解释说："我想食在东邻，宿在西邻。"

如果抛开道德与人伦不谈，用当下的话说，这位齐国姑娘颇有整合意识。古人也说过一句谚语，叫"靠山吃山，靠水吃水"，但不靠山不靠水的地方怎么办？只能靠整合资源，也就是经商等。当然话说回来，不管是经商也好，整合资源也罢，都势必不能抛开道德与人伦，因为现代人都知道，资源比资本更重要，没有资源就去整合资源，但很多人之所以做梦都在想着整合资源却始终不得要领，就在于他们总是一厢情愿的认为，整合就是想尽一切办法往自己家里整，最好把别人的东西都整成自己的。用网友们的话说就是，"我的是我的，你的也是我的"。殊不知，整合成功的首要前提往往是放弃和付出。

前面我们讲过开源代码及其背后的逻辑，现在我们讲讲埃隆·马斯克当年放弃特斯拉的所有技术专利一事。这本质上是一回事。表面上看，马斯克是在干蠢事。但实际情况，正如他在《我们所有的专利属于你》一文中所说的，"科技领导力从来不是通过专利来实现的。而历史也反复证明，一家公司只有通过吸引和激发世界上最有天赋工程师们的创造力才能保持领先，专利对于对抗竞争者只能起到很小的保护作用。我们相信通过这次的专利开源行动，特斯拉不但不会被打败，反而会变得更强大"。所谓开源，简单来说不就是开放自己的资源吗？一个拥有专利的企业，不开放自己的专利，怎么培养属于自己的生态，形成一个和自己企业同源的企业群体，又怎么在市场上确立自己的标准呢？所以《我们所有的专利属于你》的潜台词就是，我们所有的专利属于你不假，但它在属于你的同时，你也就被特斯拉悄然地整合了。

蒙牛创始人牛根生在清华大学演讲时也说过："没有资源就整合资源。企业90%以上的资源都是被整合进来的。但前提是，先付出你的资源。"有人想不通，有资源的话，我还用整合资源？我正是因为没有资源，才想方设法地整合资源啊！其实，资源人人都有，只是有些资源是显性资源，有些则是隐性资源，大部分人只能看到前者，看不到后者，更谈不上整合。

就以牛根生为例吧，他在清华演讲时自我剖析道："我在创业时，有三大难，没有工厂，没有品牌，没有奶源，只有一些隐性资源。首先要解决的是没有工厂的问题，这容易，我先通过朋友关系找打哈尔滨一家乳制品公司，我知道他这家公司的设备是全新的，但是生产的乳制品质量有问题，同时营销渠道这一块还没有打通，所以产品一直滞销。我找到这家公司的老总说：'你来帮我们生产，我们这边都是技术大拿，帮忙技术把关，牛奶的销售铺货我们也承包了。'老总一听，真是及时雨啊，马上答应了下来。"

然后是品牌问题。品牌是产品的身份证，没有品牌，谁知道你是谁呢？尤其是乳制品这个行业，没有品牌很难打开销路，因为品牌代表着安全可靠。"这难不住我，办法就是整合与借势，我们打出了'为民族工业争气，向伊利学习''蒙牛向伊利学习，做内蒙古乳业第二品牌'等口号，一波操作之后，马上从不知名挤到全国前列。接上来，我们又把蒙牛和几个省内知名品牌联系起来，叫'伊利、鄂尔多斯、宁城老窖、蒙牛为内蒙古喝彩'，前面三个都是内蒙古驰名品牌，蒙牛在它们的后面，明显就是内蒙古第四品牌的感觉。"

奶源怎么解决呢？牛根生说："自己去买牛去养，第一个牛很贵，第二也没有那么多人去饲养，针对这两个现实情况，我们整合了三方面的资源，也就是把农户、农村信用社和奶站整合在一起。我们利用政策，给奶农做担保，让信用社借钱给他们，并且承包销路。奶农生产出牛奶后，送到奶站，蒙牛又找到奶站。蒙牛定时把信用社的钱还了，把利润又给了奶农，形成了一个闭环。"

当然，在清华讲资源整合，最有说服力的案例还要数清华科技园的崛起。熟悉科技史的人都知道，早在上世纪40年代后期，世界上第一家科研与产业相结合的高新技术工业区，也就是依托于美国斯坦福大学的"硅谷"就已经问世，经过近40年的发展，以硅谷为中心的斯坦福工业区已发展成为全球最大的电子工业基地，并成为美国高科技产业的重要支柱。1993年，清华大学在中国首先提出了建设大学科技园的构想，并马上付诸实施。

到现在,清华科技园的成功有目共睹，其"四聚模式"也大道至简，也就是"聚集—聚焦—聚合—聚变"，但在当时，除了一纸批文，一无所有：没有一分钱自有资金，没有风险资本的参与，没有工业企业的支持，没有成熟的市场环境……

怎么办？一无所有，只能无中生有。首先要解决的就是盖房子的问题，没有基本的物理空间与硬件设施，在哪办公？在哪生产？可盖房子需要钱，而且不是小数，一开始的时候又完全没有钱，所以清华科技园的第一阶段走得异常艰辛。靠着整合各方资源，直到1999年，清华科技园才建造起自己的第一栋楼——学研大厦。幸运的是，4万平方米、成本1个多亿的学研大厦刚落成，就赶上了第一波互联网创业热潮，学研大厦寸土寸金，为清华科技园赚到了第一桶金。

有钱好办事，再加上大环境的推动，一座座大楼在园区内拔地而起，以至于社会上有人把清华科技园当成了房地产商，甚至一些清华人自己提起科技园，也是"盖房子、搞房地产的"。对此，时任清华科技园总裁徐井宏先生讲过，"科技园第一条就是要有房子和地，才能构成园区。但是只有房子和地，并不就是科技园"。总经理薛军则用三个反问反驳道："清华科技园有一项重要的业务是房地产，但第一，有哪个房地产公司在盖完楼以后能吸引这么多的高品质公司来入驻？第二，又有哪个房地产公司能够吸引如此众多的研发机构和创业型高科技公司在这个地方发展？第三，又有哪个房地产公司愿意每年花费2000万元以上的投入去为这些中小创业型高科技企业提供无偿服务？这还不包括我们以风险投资形式对创业企业的支持。"薛军说，"如果回答了这三个问题，清华科技园还是不是房地产公司？"

时任清华大学副校长程建平也说过："清华大学对企业冠名其实有严格要求，之前五粮液集团曾提出愿5000万元捐建一座综合体育馆，但要求必须命名为'五粮液体育馆'。清华人想想，五粮液毕竟只代表酒文化，与体育馆没有多少关系在，与清华也离得太远，所以拒绝了这一要求。而由于没有经费，至今这所体育馆还没建起来。"

确实是这样，套用已故清华大学校长梅贻琦先生的名言，"所谓大学者，非谓有大楼之谓也，有大师之谓也"，中国并不缺少开发商，但想复制一个清华科技园，却千难万难。"没有资源就整合资源"，这话执行起来也殊为不易，因为资源的背后是人，整合资源意味着需要和形形色色的人打交道。这个过程，既离不开"自强不息"的精神，也离不开"厚德载物"的品质，绝不是吐吐槽那么简单。

第十六份忠告：虚实结合

1. 既要务实，也要务虚

二战期间，纳粹德国率先研究出了导弹，并隔着海峡向英国发射，备受威胁的丘吉尔向美国请求援助。美国政府把这件事转交给著名科学家冯·卡门主持的喷气推进研究所，研究所一位小伙子仔细研究完德国导弹的射程和射点后发现，德国的火箭多发射自欧洲西海岸，而落点则在英国首都伦敦的东区，这说明德军导弹的最大射程不过如此。但德国人后期增加导弹的射程怎么办？这位小伙子提出，只要在伦敦的市中心造成多次被击中的假象，以此蒙蔽德军，使之仍按原射程组织攻击，伦敦就可以避免遭受大规模导弹的伤害，后期再想别的办法。英国政府接受了这一建议，结果纳粹德国只坚持了一年就恶贯满盈了。几年后，丘吉尔在他的回忆录中谈及此事，称赞那个小伙子说，"这个美国青年可真厉害"。可他哪里知道，这个小伙子并不是美国人，而是当时在美国工作的中国科学家钱伟长。

当然他更不知道，这个后来在应用数学、力学、物理学等诸多领域有卓越建树的青年，最初是个典型的偏科生，理科极渣，文科极佳。所以当他找到清华大学物理系主任吴有训要求弃文从理时，吴有训根本不收他。因为此前他的物理只考了 5 分，数学与化学一共考了 20 分。更何况他的文学天赋和历史成绩非常好，何必呢？但钱伟长是有原因的：日本侵略者发动了震惊中外的"九一八事变"，侵占了东北三省！钱伟长从收音机里听到这个消息后，拍案而起说："我不读历史系了，我要学造飞机大炮。国家的需要，就是我的专业！"

吴有训不收他，他就软磨硬泡，"围追堵截"，最终感动了吴有训，同时也提出了附加条件："在物理系的头一年，你的普通化学、普通物理、高等数学三门课必须都达到 70 分，否则退回原系！"

钱伟长不怕苦，他鼓励自己说，二十四史自己都背过来了，数理化也能背！于是每天清晨一大早，他就到科学馆兢兢业业背书。转眼过了一个半月，效果并不是很好。这时候，吴有训坐不住了，亲自指点这个不得其法的小伙子："学习要虚实结合，不要死记硬背，要明白为什么。"钱伟长本是聪明人，一经点拨，茅塞顿开，毕业时，他已成为物理系重点培养的尖子生。

多年以后，他在清华工学院校庆时演讲说："这些背下来的东西有什么用呢？我说屁的用处也没有！在你们这些大学生里头，有许多是高分考进大学的。可是进校以后，我们发现他们当中不少人是高分低能。什么叫高分低能呢？因为在中学时靠背书过日子，到了大学以后，他的学习必然感到很困难，因为大学的书太厚了，背不下来了，他们觉得不适应大学的学习生活。所以我说，孔夫子那句话'学而不思则罔'还是非常重要的，有现实意义的。我们发现，现在很多大学里都有这样的一种情况，学生到了二年级时，神经衰弱症就出来了，睡不着觉。我听说各个学校都有那么一批学生，神经衰弱。这些是上大学后，仍然采用中学时代死记硬背的学习方法而产生的结果。一定要虚实结合，实就是扎扎实实地学，虚就是要讲方法。"

学习要虚实结合，工作、生活、科研、创业，以及人间种种，概莫能外。虚实结合绝不是让大家都去学理科，谁也别学文科，也不是文理兼学再加上适宜的学习方法那么简单，而是恰如 2010 年感动中国年度人物栏目组给钱伟长先生的颁奖辞所说的，"从义理到物理，从固体到流体，顺逆交替，委屈不曲。

荣辱数变，老而弥坚，这就是他人生的完美力学！"虚与实之间，看似矛盾对立，实则相互促进、彼此转化。虚与实，相反而又相成，并且普遍存在于中国文化之中，存在于中国人的生活与思维模式中。

搜狐创始人张朝阳则走出了另一条虚实结合之路。少年张朝阳就读了《哥德巴赫猜想》，中学时代就立志当物理学家，并且认定只有获得诺贝尔奖才能成就一番大事业，这成了他考取清华大学的直接动力，也是他考取李政道奖学金的直接动力。但是在麻省理工学院念了几个月后，已经是物理学博士的张朝阳突然觉得学了很多年的物理学并不太适合自己。"在物理实验中，我发现我是个操作型的人，特别注重结果，不能容忍搞一套理论，而这套理论要在100年之后才能得到验证。"怎么办？办法就是创业，让梦想马上落地，马上验证，这才有了中国首家以风险投资资金建立的互联网公司。

著名企业家、五洲新春董事长张瑞先生也说过："我始终认为虚实是要结合的，中国一定要有实实在在的产业来支撑。美国为什么这两年日子不好过？因为以前把这些实业都赶跑了，赶到日本、中国、东南亚，它只剩下虚的一块，这样它发展就没有前途了。"

虚实结合，不过是"知行合一"的另一种解读。只务实不务虚，会陷入机械与教条。不务实只务虚，只能是坐而论道。只务虚不务实，不可能成就事业。只务实不务虚，事业终究有限。所以，我们既要埋头拉车，更要抬头看路。既要重务实，又要善务虚，把务实与务虚有机地结合起来，才能以虚促实，以实推虚。

在当下这个时代，虚实结合还有着更为丰富的内涵与外延。专业在不断细分，每个人都无法补齐所有的短板，每个人也都应该把自己的长板做到极致，但同时也不能让自己的短板变成软肋，影响长板的发挥。惟一的办法，就是根据时代的要求，与时俱进，边务实，边务虚，在不断创造的同时，不断开拓视野，提升格局，保持旺盛的活力与竞争力。

2. 飞得再高也要落地

往回倒推 10 年，有两个网络流行语非常时髦，一个是"炒作"，另一个是"作秀"。现在，人们只要看到这两个词，马上会产生一些不好的、负面的联想。这主要是受一些不良人士与不良信息的误导。其实"炒作"与"作秀"本身只是个中性词，不然就不会有"恶意炒作"或"疯狂作秀"之说了。

而说到互联网炒作与作秀的鼻祖，又分平民与企业家两派，前者如芙蓉姐姐，后者则以张朝阳为代表。面对采访，张朝阳本人也直言不讳："作秀没什么不好，至少证明营销做得到位。CEO有一部分责任是面对公众，把公司的理念告诉公众。如果作秀能吸引人们的眼球，使人们的眼前一亮，就可以做。频繁曝光、被炒作是公司的市场策略，是为公司作贡献，这为我们节约了大笔广告开支。"

正如一位自媒体人所总结的，"借势瀛海威以及尼古拉斯·尼葛洛庞帝访华的良机，张朝阳一夜飞上媒体枝头，扶摇直上，成了那个时代最炙手可热的宠儿。搜狐火了，满街飘逸的狐狸尾巴足以证明了他迅雷不及掩耳之势的成功，掌声、喝彩声远盖过了零星的质疑声。在这个对高科技极度痴迷和膜拜的国度，数字英雄张朝阳，填补了祖国新兴高科技产业的空白。这个曾经擅长考试的清华学霸，答完了此生最具神来之笔的一道数学填空题。对于中国的互联网而言，张朝阳就是那个始作俑者，他就是那个道生一的"一"，后来者尽管更成功，也只是后缀的一串串零。因为有了张朝阳，中国的互联网产业才开始如朝阳般磅礴而出。"学霸＋创业狂"组成的张朝阳，不仅符合人们心中对"天之骄子"的全部定义，还颠覆了普罗大众的价值观。在张朝阳之前，哪个学界精英与商界精英不是在杂志封面上或电视上正襟危坐？但张朝阳不一样，他以比娱乐圈还敬业百倍的献身精神，不遗余力地挑逗着全国人民的娱乐神经，各种"闷骚"，各种"效颦"，各种离经叛道，各种作秀与搏眼球……时至今日，中国商界也无出其右者。

"一直被模仿，从未被超越"，说的不就是张朝阳吗？不信我们细数，每一个成功的互联网企业，都有一位大众耳熟能详的掌门人。提到腾讯，人们马上会想到马化腾。提到360，人们立即会想到周鸿祎。提到百度，人们会想到李彦宏。提到阿里，人们会想到马云。若是提到京东，人们不仅会想到刘强东，还会想到奶茶妹妹——没办法，谁让他们整天在媒体上晃？我们想不记住都难。

让我们回到"作秀"这个词本身，其实"作秀"的"秀"，并不是指中文中的"秀"字，而是英文 show 的译音，通俗来说，作秀就是演戏。演戏我们知道，它是惟一的不真实但受人欢迎的事物。所以，不要一听到作秀，就把它等同于作假。如果张朝阳还只是个清华大学的理科男或麻省理工的研究僧，他完全用不着作秀。而当他选择了进入互联网行业，面对的就是一个庸俗乃至媚俗的市场，不能不秀给世人。只要不违法，就无可厚非。更何况张朝阳并不只是会作秀，用网友们的话说就是，"他炫富，也炫思想"。

但话说回来，人们之所以一看到类似的现象就深恶痛绝，还不是因为有的人没把握好其中的尺度吗？我们这一节的主题是什么？是虚实结合。作秀也好，走秀也好，都只是虚的一面，都只是为了促进或加持实的一面。皮之不存，毛将焉附？作秀也好，炒作也好，都必须与做人、做实事结合起来。

作秀是为了什么？炒作是为了什么？出名，或者说是提高知名度。但这只是手段，不是结果。一个人出了名，或者一个产品知名度了，后续会有相应的利益，这一点儿世人皆知，谁也不必羞羞答答，合理合法就好。但是，正如《后宫甄嬛传》的导演郑晓龙所说："要拍出好片子就要耐得住寂寞，你要是耐不住寂寞做出烂片子，你就是出了名也成了恶名。"

赵本山也说："人生就像一架飞机，起飞并不难，最重要的是平稳落地。"现代人做事，尤其是做事业的级别，离不开必要的炒作、做秀和包装，但同样离不开脚踏实地的精神。

奥康集团总裁王振滔曾在清华大学演讲，演讲中他提到一件事情：

有一年，公司召开季度工作总结报告会。会上，行政事务中心、计划财务中心和信息技术中心等部门的主管先后作了汇报，王振滔听了都点点头，表示很满意，并特别表扬了其中超额完成任务的部门。轮到公司事业部某经理汇报工作时，王振滔却听得皱起了眉头。只听该经理汇报说："一季度原计划开店70家，最终开店110家，超额完成任务。"该经理还表现得很高兴，大概以为自己肯定会得到总裁的表扬，可换来的却是批评。

王振滔说："你这叫做严重超标，这是很不好的工作习惯。"该经理想不通，一副很委屈的样子。正欲争辩，王振滔又说："你想想，你超标那么多，你的管理、物流和人员跟得上吗？如果不能保证质量，不仅不会形成有效的市场规模和效益，反而打乱了原有的平衡，捡了芝麻丢了西瓜。盲目开店的结果只会是开一家，死一家，做了无用功。这就好比一对夫妇，原本只要一个孩子，可却生了三胞胎。对他们来说，这绝对是件哭笑不得的事，家里一下子变成5口人，人多是热闹了，但抚养不起啊！"一个巧妙的比方说得该经理低下了头。

这些年，也不管是名校学霸，还是普通年轻人，大家都有创业激情，也有不少人经历过大起大落，这些例子都助于我们更加辩证地去看待炒作与作秀。对企业来说，这都是必要的，有些企业不这么叫，叫宣传推广、品牌塑造，本质还不是一样吗？但炒作与作秀毕竟属于"玩虚的"，虚的玩的多了，结果只能是导致虚弱。虚弱的人或企业，即使能一飞冲天，也是偶然，不是必然。

第十七份忠告：方圆之道

1. 坚持理想，顺便赚钱

前两年，一个关于清华毕业生一年收入知多少的帖子曾引发过热议。事情的起因是，某毕业5年的清华本科生，他当时的年薪约52万（到手），他很想知道自己的年薪处在怎样的水平，但他不知道自己的同学们年薪是多少：一是不好意思问在国内工作的同学，二是在国外工作的同学薪资很难对比。所以，他便在网上发帖请问网友，自己的年薪究竟处在怎样的水平？

一石激起千层浪，这个帖子引发了很多网友的关注和羡慕嫉妒恨。有不少网友觉得，这位毕业5年的清华高材生现在年收入50多万是对得起清华的头衔，虽然有个别清华大学毕业生更厉害，年收入几百万甚至更多，但毕竟不是所有的名校毕业生都如此。年薪50多万，比上不足，比下绝对有余。言下之意，这位发帖人的年薪水平处在全国薪资水平线的头部。

同时，也有不少人吐槽这位清华人没有志气，太过于注重自己的收入问题，尤其是在收入并不低的前提下，这明显辜负了清华对他的教育。相信如果有更多的网友看到这个帖子，会有更多的人持这种看法，因为这一直是国人的主流意识，即清华大学的学生都是天之骄子，享受着国家顶级教育资源，毕业后对社会、对国家、对人民乃至对全人类都要做出巨大贡献才行，而不是每天只顾着盯着自己的腰包，去想着怎样赚钱，这太庸俗了，连普通高校毕业的学生都不至于这么俗气。

抛开个别极端案例不谈，仅就上面的例子来说，其实我很不赞同那些吐槽这位清华毕业生的观点，每个人都有自己的追求，有的人喜欢搞学术研究，有的人喜欢下海经商，有的人喜欢平平淡淡，有的人就是要折腾出自己的精彩。有的人不太关注名利，有的人想多赚些，只要是通过合法的手段，也不丢脸，从更大的层面看还未尝不是一件好事，因为可以促进社会经济发展。

俗话说，一文钱难倒英雄汉，没钱英雄也气短，没钱生存都是问题，所以就是在清华这样的名校，好好谈谈钱也没什么不对，回避这个问题，才是真正的问题。可是话说回来，在这个时代，尽管人人有压力，但具体到清华毕业生，还是与普通人大有不同。确切地说，普通人面对的是生存问题，清华人面对的则主要是发展的问题。

正像有人总结的那样：人，表面上最缺的是金钱；本质上最缺的是理想；脑袋里最缺的是观念；对机会最缺的是了解；命运里最缺的是选择；骨子里最缺的是勇气；改变上最缺的是行动；肚子里最缺的是知识；事业上最缺的是毅力；内心里最缺的是胆色……万通集团董事和冯仑在清华大学演讲时也曾经讲过一段话："我认为，对企业家而言，最简单的境界只有八个字：'坚持理想，顺便赚钱'。全世界赚钱最多的人是谁？恰好是追求理想、顺便赚钱的人，而不是追求赚钱、顺便谈理想的人。"

冯仑本人，就是这样一个人。他是法学博士，算得上高级知识分子，但是言谈充满了世俗语言，表述又非常富有逻辑性。换句话说，他身上既有着江湖的气息，又有知识分子的理性思考，不完美但也不违和地混杂在了一起。他的钱夹里，放的不是美女，也不是巴菲特，而是两个看上去与钱极不相关的男人，而且都已经故去了。一个是阿拉法特，另一个是他的干爹——马鸿模。关于阿拉法特，冯仑常说，"时间是一把最锋利的刀，能雕刻一切最坚强的岩石。一个男人做事情最大的赌注是时间，特别是当你把所有的时间都押在一个事情上。而阿拉法特是一个 45 年坚持一个目标却始终没有做成的男人。用最有毅力的男人来激励自己是很快乐的，要不会觉得孤独。疲惫的时候就想一想，前面还有 40 多年没干成的大哥呢……"至于他的干爹马鸿模，冯仑将他称为"一个有文化的土匪"。这个曾经出生入死、杀人如麻，有着传奇人生与强悍性格的导师，也成了冯仑的精神之父，对他产生了莫大影响。

这些年，冯仑赚到了不少钱，但中国的富豪多了，公众熟悉他，主要是因为他写的几本书。比如《野蛮生长》，不正是"坚持理想，顺便赚钱"的另一番解读吗？再比如《理想丰满》，这既是冯仑对自己的评价，也是业界对他的共同认知。《理想丰满》新书发布会上，作为嘉宾的崔永元还专门问过冯仑："你出这本书除了想挣钱还为了什么？"冯仑说："出书这件事儿除了不想赚钱，其他事儿都想。我其实是想告诉别人，我们做买卖的人，眼睛除了看到了钱，还看到了很多钱以外的事儿，所以结果就成了这样追求理想，顺便赚钱。"

在他的老部下潘石屹眼中，冯仑则像个导演，一点儿没有地产商必备的脚踏实地的气质。在网民们的嘴里，"冯仑是个房地产思想家"。冯仑自己也坦承，"我是个职业董事长，信奉老庄，不善理财，说话、写字比较专业"。

如此，冯仑给人的整体印象就有些紊乱了。那么，冯仑身上最值得年轻人学习的东西是什么呢？是价值观。他在清华大学演讲时说："人生最重要的还是应当在价值观的培养上下工夫。在价值观上的投资，相当于给人生装上一个 GPS，人生观就是人一生的卫星定位导航仪，有了它，在人生的任何时候都能找到方向，找到了方向，一个人就有了生存能力。"诚哉此言，清华北大的学霸也好，普通高校毕业生也好，或者没上过大学也不是根本问题，根本的问题在于有没有正确的价值观并在走上社会后始终保持初心。金钱也好，名利也罢，完全划清界限并不现实，能与它们保持平起平坐，就值得敬佩。

2. 无我方能成就大我

一滴水怎样才能不干涸？

惟一的办法就是让它汇入大海。脱离了大海，一滴水迟早会蒸发、渗透或干涸。同理，我们常说茫茫人海，一个人之于社会，就好比一滴水之于汪洋。不懂得投入大海的怀抱，他的胸襟与事业注定有限。

有人会说：让一滴水投身大海，它不也得消失吗？当然也可以这样理解。但反过来也可以理解为：一滴水已经成为了大海。这不仅是乐观与悲观的问题，也是境界的问题。人们不总说嘛，一滴水可以折射太阳的光辉。

曾经有人问我，什么叫高人？我说境界比普通人高的人，就是高人。他不太满意，不得有能力吗？我说那叫能人。能人不等于高人，有些人几乎全能，超能，无所不能，但干出事儿来很龌龊，这样的人，越高越可怕。高人则不然，他们或许有些清高，但不会存什么坏心。

老子说："圣人常无心，以百姓心为心。"圣人之所以能成为圣人，就在于他们能放下私心，不执着于小我。

清华大学客座教授翟鸿燊先生曾经讲过一个很直观的例子：从一个团队中找一个人，站在大家对面，伸出两个食指，做一个"人"字，这时候问他这是什么字，大部分人都会站在自己的角度说是"人"。这是不是"人"呢？当然是。不过只是"普通人"。因为他不明白，他这个"人"，在站在他对面的大部分人看来，其实是个"入"字。这说明什么？说明我们越是自我，离正确答案也就越远。我们越是想做自己，就越是会背离团队与人心。

翟先生还讲过一个很有启发意义的小故事：

一天，某精神病院来了一个特殊的病人，他不哭不闹，不唱不跳，只是每天撑着一把伞，蹲在角落里不吃不喝，因为他的意识里总以为自己是一个蘑菇。医生怕他饿死，就千方百计地劝他吃饭，但他说什么也不吃。没办法，只好汇报院长。院长就想了个办法，他也撑了一把伞，蹲在病人旁边。不一会儿，病人就奇怪地问："你是谁呀？"院长说："我是一个蘑菇呀！"病人看看他，不像，点点头，又摇摇头，继续做他的蘑菇。过了一会儿，院长站起来，在房间里走来走去，病人像抓住了他的小辫子似的，问院长："哎，你不是蘑菇么？蘑菇是不能走来走去的！"院长说："谁说蘑菇不能走路？我是新品种！"说完继续走来走去。病人看看院长，又看看自己，觉得院长的话有道理，便迟疑地站起来，试着走来走去。院长见他上钩，接着又拿出一个苹果吃起来，病人又奇怪地问："咦，蘑菇怎么可以吃东西？"院长理直气壮地回答："我们是新品种，当然可以吃东西呀！"病人觉得很对，于是也开始吃东西……没多久，这个病人就能像正常人一样生活了，虽然在心里他还觉得自己是一个蘑菇。

其实这就是俗话说的"一把钥匙开一把锁"，很多人的心，都是有门且有锁的，那些防守型人格的人尤其不好接近，除非你善于做钥匙，能设身处地地为他们着想，才能钻进他们的内心，打开心结，消除拒绝。

著名表演艺术家英若诚也讲过一个小故事：

小时候，我家是个大家庭，每次吃饭时都是几十人一起，非常热闹。有一次，我突发奇想，决定跟大家开个玩笑。吃饭前，我故意钻进饭厅中一个不显眼的柜子里，想等到大家遍寻不着时再跳出来，给他们一个惊喜。可是从一开始，根本没有任何人注意到我的缺席。酒足饭饱之后，大家都离去了，我才自己走出来，吃了些残羹剩饭。从那以后，我就告诉自己："永远不要把自己看得太重要，否则就会大失所望。"

确实，总把自己当珍珠，就时时有被埋没的痛苦，即使你真的是夺目的珍珠。

冯仑在清华大学演讲时举过几个著名的例子："李嘉诚讲追求无我，王石取名不取利，柳传志讲拐大弯，这些东西恰恰就是他们的成功之道。大家在抓钱的时候，他们刻意或者自然地与钱保持距离。他们对中国社会有一种看法，知道在中国社会应该跟外部世界保持距离，也就是说，你的存在最好能够让大家舒服。"

在微博中，他也屡屡爆出金句，比如："钱是有腿、有性格的，也是有气味的，全球80％的钱是在美国和欧洲之间跑，20％往新兴市场跑，这20％里的50％在中国。想要运作资金，想要懂得如何让别人支持你，让钱到你的公司创造效益，就得懂人心。钱心跟着人心走。全世界最聪明的人最终都是先研究人心和制度，反过来才能驾驭金钱。"

搜狐掌门人张朝阳则说："我通过自己的思考，把所有的价值观都打破了——包括自我。我没有自我，我努力消除自我。"这话若是换个说法，不就是后来的互联网思维（以用户为中心）吗？而互联网思维及其催生的各种商业模式的巨大推动力，有目共睹，说它重塑了中国社会经济与国民性也不为过。

第十八份忠告：返璞归真

1. 必须洗脱的四股气

多年以前，北大教授钱理群先生的一篇演讲稿《我们正在培养出一批绝对的、精致的利己主义者》曾引发热议，"精致利己主义"一词亦随之走红。2019年，与北大一墙之隔的清华学者苏亦功先生，在当年的清华法学院毕业典礼上进一步指出，精致的利己主义固然败坏，但更败坏的是"傲洋娇俗之气"，也就是傲气、洋气、娇气与俗气。从一定程度上说，这四种不良习气，恰恰也是那些原本纯朴的少年们悄然转变为精致利己主义者的动因。

在毕业典礼上，苏先生直言不讳：

我知道，今天这个场合，最简单也最安全的讲法，是向大家说些恭维、祝福的套话。这些话我也会说，想必你们已经听得不少了。无非是："你们是天之骄子"，"你们是状元、才子"，是国家未来的栋梁之才，是高智商的种群，云云。大概你们一走进清华园，听到的就是这些谀辞艳句吧？在你们行将走出清华园之际，如果还沉湎于这些华丽的辞藻里不能自拔，我怕你们在今后的生活环境里会水土不服的。

不错，你们确实都很优秀。但是这个社会上优秀的人很多，应该不止你们在座的这些吧？只是很多人没你们这样幸运罢了。

你们能走进清华园，是凭着自己的优秀呢，还是凭着幸运？抑或二者兼有呢？但愿你们心里都能有点儿数。不要稀里糊涂的进来，又稀里糊涂的出去。如果到现在还弄不清楚的话，以后难免会碰壁的，幸运之神不可能永远站在你这边。

要知道，这个世界从来不缺聪明人，但据说这世界上的蠢事都是聪明人干出来的。《红楼梦》里的王熙凤很聪明，结果怎么样呢？"机关算尽太聪明，反误了卿卿性命"。整天靠耍小聪明过日子，是走不了多远的！

看着你们即将离校走向各自的未来，就像看着我自己的孩子一个人初次离家远行一样。心情很是复杂，一方面为你们高兴，你们终于长大了，终于可以不依赖父母了。但是，更多的一面则是为你们担忧，担心你们还太年轻，太单薄，太脆弱，能不能够应付得了当今这个险恶冷漠，复杂而又多变的世界？你们能行吗？能扛得住吗？

我带过一个学生，周围的老师和同学都夸她智商高，她自己也以为自己聪明绝顶。只有我这个导师说她傻，简直是傻气四溢。你说什么她都听不进去，那只有随她去了。毕竟以后的路要靠她自己走，走得怎么样，只有凭她个人的造化了。

这样的学生，我在清华见到的可不止一个，应该说不是个别现象，有一定的普遍性。有些同学，人很聪明，学习能力很强，但就是做事不通情理。是何原因造成的呢？我反思了一下，应该是我们的教育出了问题。尤其是法学教育，究竟教给了你们些什么？你们学到了些什么？你们学到的那些法学到底是怎么形成的呢？依我之见，是一套经过汉译的西方话语体系，是全套的西方概念、制度、价值观和文化背景的迻译。

我听说，有位部门法博士生，记不得是民法还是刑法专业的博士生了，他说他感觉自己的文化祖国是德国。顺此类推，宪法的博士生可能会觉得他们的文化祖国是美国。有的专业可能觉得他的文化祖国是英国、法国、日本，如此等等。他们有这样的感觉应该说毫不奇怪。但是我们不妨扪心自问，难道我们多年来处心积虑的教育就是要把你们培养成黄皮白心的"香蕉"吗？就是要把你们培养成会说中国话但连自己的文化祖国都忘却了的西方人吗？这样的教育和学习会产生什么样的後果呢？请大家不要做意识形态化的理解。我说的与政治无关。我个人以为，西方文化有两个基本特征：那就是功利主义和斗争哲学。法学应该就是西方文化这两个特征的最集中体现。著名的德国法学家耶林有本名著叫作《为权利而斗争》，这个书名应该说就是对全部西方法学的精确概括。

西方法学上所说的权利是什么呢？学界有各种各样的解释。在我看来，说穿了，就是财产利益和可以折算成财产的利益。但不要忘了，西方的功利主义又是和个人主义捆绑在一起的。西方人鼓吹的斗争哲学，通常都带有浓厚的暴力色彩。这样的一套为自身利益而拼命斗争的学说体系经过中国法学教师群体的概念化、教条化的理解或曲解并传授给你们，会产生什么样的效果呢？

隔壁大学有位已退休的教授钱理群先生说过一句名言，大家应该都知道：如今中国大学教育培养出来的是一群"绝对的、精致的利己主义者"。这些精致的利己主义者包不包括你们呢？应该包括吧？但显然不止你们，也应该包括我们这些教过你们的老师们吧？

再这样说下去，你们要么很悲观，要么很愤怒。在座的我的同事们可能会要站起来骂我，或者要把我赶下台了。这就是一开始我就声明我不代表本院教师的用意所在。

好了，概括一下我方才说的这些话的意思，不外是说：你们这些年来学到的西方知识体系与你们即将面对的中国社会是格格不入、完全脱节的。这就是我对你们的最大忧虑所在！

如此说来，你们的所学岂不是全都白费了吗？那倒也不至于。不要忘了，你们毕竟还是中国人，你们就生活在中国的土地上，生活在中国人的社会中。只要你们能洗脱你们身上的四股气，老老实实做人，扎扎实实做事，认真解读人生的这本大书，解读中国社会和中国文化的这本大书。一旦当你们真正读懂了人生和社会文化这两本大书的时候，你们就会脱胎换骨，获得新生。你们就可以真正消化吸收这些年里学到的西方知识，并将这些西方知识变成有益的营养，变成你们生活、学习和工作的动力。

哪位可能会说，您说的那四股气是指什么？告诉你们，就是：傲气、洋气、娇气和俗气！你们身上有没有这四股气？自己掂量去吧。不用跟我来争！

……

那么，我们又如何洗脱这些不良习气？又如何洗脱其他不良习气呢？苏先生认为，答案就在我们的传统文化中。教育就像种庄稼，学生的头脑就是良田，不种上庄稼就会野草疯长，不被坏的思想占据，就被好的思想占据。所以孟子说，"吾善养吾浩然之气"。所谓浩然之气，孟夫子本人描述得大而无当，我们不必掉在文字里，说白了，其实就是人间正气。一身正气，才不会被歪风邪气侵染。外界的诱惑也好，威胁也罢，都不能动摇你的心，这就是孟子所说的"富贵不能淫，贫贱不能移，威武不能屈"的状态。

苏先生在毕业典礼上还引述了另一位大儒荀子的话，"儒者在朝则美政，在乡则美俗"。他强调说，这里的儒者，与前面校训里说的君子应该是同指。用现在的话说，就是受过教育，有一定知识技能并有一定道德操守的人。你们都是受过一定教育、拥有一定知识技能的人，这应该是没有疑问的了。但是你们是否都有一定的道德操守呢？是否都有自己的道德底线呢？如果有，那你们就是儒者，就是君子！我希望我们清华法学院的毕业生都能有自己的道德底线，也都能坚守住这个底线！儒者无论在朝在野，无论在上位在下位，无论为官、为商、为学、为民，无论走到哪里，都应该给也都能够给他所到之处带去一股清新、和谐、高雅的气象。这就是我所理解的荀子在这里所说的"美"

的含义，也是我对在座诸生的殷切期待！我想，这应该也是养育了你们的父母和所有教导过你们的老师们的共同期盼吧？再说一遍：儒者在乡则美俗，在朝则美政。不管你们走到哪里，不管你们从事什么职业，我们都期盼着你们能给你们所到之处带去一股清新、和谐、高雅的气象！成为儒者，成为名副其实的君子！"

老子也主张，"不尚贤，使民不争，不贵难得之货，使民不见可欲，使民心不乱"，主张用无为之治来消解诱惑，让民众个个如赤子，似璞玉，上善若水，包容厚德。客观地看，这种做法在今天已不现实，今天的中国人在淳朴性方面也无法与2000多年前的中国人相提并论。社会上的负能量够多，正能量也不少，一个个体会怎么走，关键在于自身，在于个人素质，在于其道德修养。就好像不是所有的人都可以上清华一样，也不能强求所有人都成为楷模，成为标杆，但我们起码可以要求自己不断完善，就像电影《霸王别姬》里的那位戏班子老师傅教戏时说的，"自个儿成全自个儿"。

2. 做不了栋梁，就做门窗

有一本古代的寓言集叫《艾子杂说》，据说是苏东坡写的，真伪已不可考，其中有个故事是这样讲的：

有一只青蛙和龙王相遇在海滨，寒暄一番后，青蛙问龙王："大王，你的住处是什么样的？"龙王得意的说："宫殿是珍珠做成的，楼阁是贝壳做成的，台阶是玉石做成的，屋檐是琉璃做成的……"总之，既富丽又堂皇。龙王说完，反问青蛙："你呢？你的住处怎么样？"

青蛙说："我的住处绿藓似毡，娇草如茵，清泉沃沃，白石映天。"说不上豪华，但别有洞天。

青蛙又问龙王："大王，你高兴时如何？发怒时又怎样？"

龙王说："我若高兴了，就普降甘露，让大地滋润，使五谷丰登；

我若发怒，则先吹风暴，再发霹雳，继而打闪放电，令千里以内寸草不留。那么你呢？"

青蛙说："我啊，我高兴时，就面对清风朗月，呱呱叫上一通；发怒时，先瞪眼眼，再鼓肚皮，最后气消肚瘪，万事了结。"

故事中的青蛙无疑是一只可爱的青蛙，或者说，是一只佛系的青蛙。它比很多人活得明白：龙宫固然美丽，但我的蜗居也不错。更重要的是，我蜗居不能窝心，不能窝火，高兴我就唱出来，生气我就适当排解。而不是像龙王那样，一生气就"令千里以内寸草不留"。这样一比较，龙王非但不值得羡慕，反倒让人憎恨。

以前看格林童话，始终不明白，为什么会有"青蛙王子"之说，后来才明白，这世上除了王子，皆是青蛙，除了公主，都是灰姑娘。就像一个水系之中，除了龙王，都是虾兵蟹将。

但这没什么不好，万物有它的体系，总有人在头部，总有人在尾部。就像同样是树，有的能去做栋梁，那就去做栋梁；做不了栋梁，还可以做门窗，做桌椅，做筷子，做牙签……有些连树也做不了，那就做灌木，做小草，做蘑菇，做苔藓，做好自己就行。

清华大学继续教育学院副院长崔国文说过："都做小草，何来栋梁？但反过来看，一座房，只有栋梁，没有砖瓦，也建不成。小草精神是值得发扬的。更何况，做小草，不等于永远成不了栋梁。再大的树，不也是从一株小苗起步的吗？"

多年以前，曾经有记者问过英国首相丘吉尔的母亲：你是否为有一个当首相的儿子感到骄傲？这位母亲回答说："是的。但我还有一个儿子正在田里挖土豆，我也为他感到骄傲！"这样的回答，令很多中国人大感意义，因为按我们中国人长期以来的价值观，一个母亲，通常是不会为自己干着极为普通的事情的子女，比如当着普通工人、农民的子女骄傲的。别说骄傲，不为之感到汗颜、惭愧、

"无颜见江东父老"就已经不错了。"你看看人家小明，你现看看你，真不争气！"这样的话，家长们张嘴即来。如果孩子考上了大学，尤其是考上了清华北大这样的名校，那不仅自己扬名吐气，整个县城恐怕都会脸上生辉。这种扭曲的惭愧与骄傲观，或者说这种现实的荣辱观，差不多已经成为我们社会的一种共识。

推而广之，贫富之间，官民之间，明星与粉丝之间，甲方与乙方之间，都存在着心照不宣又难以破除的身份隔膜与认知障碍，仿佛一个人只要学习好了，能力大了，地位高了，有了钱了，那么他说什么都有道理，都是对的。集体的迷失，导致精英也迷失，最终都摆不正自己的位置，做不好真实的自己，活不成自然的样子。

其实人与人之间，并无本质差别，差别只在人心，是人心造就了各种标签与观念。著名作家林清玄曾经做过记者，刚开始，他去一些高高在上的人时，非常紧张，便发明了一个咒语——大家都是人。把这句话在心里念叨几遍，便完全放松了。当然话说回来，人与人终究还是有差别的。在人生境界方面，林清玄说，每个人左边都有一座谷，右边都有一座山，人在谷中，便成了"俗"字，所以人要尽量跳出"谷"，往山上走，人到山上，就成了"仙"，但人又不能走到最高处，因为高处不胜寒嘛，不能完全不接地气。

前一段时间，"凡尔赛文学"忽然炸裂。所谓"凡尔赛"，不就是凡事攀比，并且深藏机心吗？但机心是能藏得住的吗？毕竟它是要拿来炫耀的东西，恰如"表叔"的手表。

当然，十年育树，百年育人，我们应该尽量成材，能做大树自然比做小草好。新东方总裁俞敏洪在清华大学演讲时也说过："当你是地平线上的一棵草的时候，不要指望别人会在远处看到你，即使他们从你身边走过甚至从你身上踩过，也没有办法，因为你只是一棵草。而如果你变成了一棵树，即使在很远的地方，别人也会看到你，并且欣赏你，因为你是一棵树！"不过这依然不代表我们非做大树不可，大树也未必都是栋梁。有些人不是那块料，非得勉强做栋梁，到最后梁折屋塌，害了自己不说，也累及他人，何苦呢？

最后为大家附上一首小诗——《做你自己》，愿每一位"草根"朋友都活出自己的风采：

做你自己

如果你不能成为山顶的青松，
就做一丛小树生长在山谷中，
但必须是溪边最好的一小丛。
如果你不能成为一棵大树，
就做灌木一丛。
如果你不能成为一丛灌木，
就做一片绿草，
让公路上也有几分欢娱。
如果你不能成为一只夜麝香鹿，
就做一条鲈鱼，
但必须做湖里最活泼的那条鱼。
我们不能都做船长，我们得做海员。
世上的事情多得做不完，
工作有大的，也有小的，
我们该做的工作，就在手边。
如果你不能做一条公路，就做一条小径。
如果你不能做太阳，就做一颗星星。
不能凭大小来断定你的输赢，
不论做什么，都要做好你自己。

第十九份忠告：活在当下

1. 圣贤情怀，庶民本色

庶民，简单理解就是平民、百姓，或一般民众；与之相对的，是官宦，或是圣贤。有时候，官宦和圣贤可以合而为一，比如明代著名的心学家王阳明，曾官至两广总督，是著名的军事家、思想家和文学家。王阳明少时读书，曾问塾师："什么是人生第一等大事？"塾师回答说："读书而登第。"王阳明大摇其头，直言不讳地反驳道："登第恐怕不是第一等大事，应当是学做圣贤。"这就是王阳明从小立下的志向，他的"圣贤情怀"即由此而生发。

尽管王阳明打小时候起就有做圣贤的抱负，但在"庶民本色"方面，终其一生他都是缺少"天赋"的。他年轻时就有很多不肯入"俗"而过于特立独行的地方。比如，结婚那天，他这个新郎官却莫名其妙地失踪了，大家死活也找不到他。第二天，他岳父才把他从一个道士那里领回来。原来，他是去找道士请教养生术去了。你见过哪个平民家的孩子打小就这么"超凡脱俗"的？步入仕途后，虽然他屡遭贬谪，也曾久处"江湖之远"，不过总的来说，他时时操心的还是庙堂之上的事情，与俗务无涉。

在我知道的清华校友当中，中国核武器事业的拓荒者、"两弹元勋"邓稼先先生是把"圣贤情怀"与"庶民本色"结合得最好的一位。在邓稼先留给世人的照片中，我们看到的是一副面貌俊朗、衣着整洁、不苟言笑的"学究"形象。其实，邓稼先也是一个非常热爱生活的人，他在衣、食、住、行上均表现出极强的"庶民本色"。

邓稼先穿衣服从不挑剔，他最喜爱的款式是灰色咔叽布的中山装，一套衣服一穿就是很多年，很久也不见他置办新衣服。不过，邓稼先对着装十分讲究，他的衣服虽然不新，但从来都是干净整洁、一丝不苟，从不会因为工作繁忙而在衣着上"敷衍了事"。

邓稼先在吃上面也是相当"讲究"的。在远离北京的那些日子，只要经济条件允许，节假日他总会打打牙祭，犒劳犒劳自己。在单位，邓稼先喜欢请客是出了名的，每每会花上不多的钱在饭馆请同事们热热闹闹地吃上一顿。就算一个人的时候，他也会时不时地犒劳犒劳自己，一饱口福。调回北京后，他通常会在星期天去岳父许德珩家与亲友团聚。途中，他通常会在北京当时的繁华地段——西单附近下公交车，找一家有名的饭馆用餐。这样做，既不给岳父家添麻烦，又可以满足自己的口福。

邓稼先虽然身居领导岗位多年，但他没有官架子，也不喜欢讲排场，在饭店吃饭从不开单间、坐雅座。有时候，饭店的生意太好，邓稼先就和普通市民一样，看准某位客人快要吃完了，就站在他的后面等座，有时甚至一等就是半个小时？

邓稼先还特别喜欢喝酒，下馆子时，一般都会喝上二两白酒，但从不过量。邓稼先的父亲邓以蛰也喜爱饮酒，亲家许德珩去探望他时，通常会带上一瓶好酒作为礼物。开饭时，邓稼先通常会主动陪父亲和岳父喝上两杯，每次喝二两就打住了，从不过量。邓稼先只有一次喝多的经历。当时，他的一位同事的子女由于种种原因无法参加高考，一时又没有解决的办法，这让他非常郁闷，因此在下馆子时不知不觉多喝了几杯。

邓稼先除了爱喝酒，也爱抽烟。他抽烟也很讲究，一般只抽一个固定的牌子，实在不巧时，才用其他的牌子代替。而且，抽烟的时候喜欢另加一个烟嘴。当时，他喜欢的一个牌子的香烟很难买到，因此他常常会在办公室里放上几盒烟，以便与喜欢抽烟的同事们分享，以至于很多同事来办公室找他时说的头一句话就是："老邓，来一根。"

在娱乐方面，邓稼先也颇具庶民本色。在大漠戈壁从事核武器研究期间，他无暇娱乐，调回北京后，他有了一些业余时间，于是渐渐地喜爱上了听京剧，不管什么戏都爱听。由于平时作息时间不固定，他去听戏时从来不提前买票，也不爱托别人帮忙买。一有时间他就赶到护国寺剧场前和普通老百姓一起等退票。他经验丰富，从来不在售票窗口处等，而是在离剧场稍远的地方物色打算退票的人，结果每次他都能买到价格便宜的退票，而且还能准时入场。

除了喜欢听戏，邓稼先还喜爱看电影。当时，国家机关事务管理局（简称"国管局"）每个星期六晚上都会在政协礼堂放电影，一般连放两场，邓稼先每场必看。他看电影从来都是坐公交车前往，有时电影结束得很晚，末班公交车没有了，政协机关的同志想叫个车把他送回家，他都连说"不必，不必"，然后徒步回家。

领教了邓先生的"俗世之乐"，我们不难领会到这样一个浅显的道理：许多时候，圣贤与庶民往往只有一纸之隔。此外，我们还要明白，惟大将军真本色，是真名士自风流，不是端着架子就叫高人，和光同尘接地气才是真正的高人。

先哲说，"超凡入圣易，超圣入凡难"，台湾著名作家林清玄曾以"香水"为喻，解释过其中的道理：

社会上的人，差距并不大。好比百货公司的香水，95%都是水，只有5%不同，那是各家的秘方。人也是这样，作为95%的东西其实是很像的，比较起来差别就是其中很关键性的5%，包括人的养成特色，人的快乐、痛苦、欲望等。制香水的香精，要熬个五年、十年才加到香水里去。人也是一样，要经过成长、锻炼，才有自己的味道，这种味道是独一无二的。你向内看的时候，要看到自己的5%，就不会迷惑；对外的时候，你要看到那95%，跟人来往才能内敛、含蓄。简单点讲，前面是"超凡入圣"，后面是"超圣入凡"。

林清玄坦言，自己刚入行做记者时，去采访一些地位高高在上的人，常常会非常紧张。怎么办呢？后来他便发明了一个"咒语"——"大家都是人"，去见那些"高人"之前，他在心里默默念叨几遍，便完全放松了。

2. 一边奋斗，一边享受

著名学者周国平曾说过："倘若一个人在年轻时并非因为生活所迫而只知吃苦、拒绝享受，到年老力衰时即使成了人上人，却丧失了享受的能力，那又有什么意思呢？"

毫无疑问，"天行健，君子以自强不息"，我们应该奋斗，应该为自己的人生目标奋斗到底。反过来说，我们也不能错过世间美好，也应该适当地享受人生。

在这方面，北宋著名词人宋祁可谓深得其中的真谛。宋祁年少时家贫，他与哥哥宋庠发愤苦读十数年，后双双高中进士。宋庠一路高升，官至宰相；宋祁初为翰林学士，后官至知制诰。宋祁风流倜傥，文才高妙。宋庠老成持重，为人简朴，即使做了宰相也没有丝毫改变。

有一年上元佳节，宋庠听说弟弟正在府中通宵达旦地狎妓纵酒，第二天便派人去责备弟弟："我家相公让我捎一句话给您：

听说您昨夜烧灯夜宴，穷极奢侈，不知您是否还记得当年与我家相公一起在州学里喝稀饭、啃咸菜的日子？"宋祁大笑道："你去回报我哥哥：当年我们在一起喝稀饭、吃咸菜，为的是什么呢？"

宋祁是一个放浪的享乐主义者，我们不能不加选择的拷贝。但是，他回答兄长的话，却也道出了普通人心照不宣的心声：十年寒窗苦，为的不就是一朝金榜题名，过上更好的生活吗？古语云：书中自有颜如玉；书中自有黄金屋；书中自有千钟粟。宋祁的"可爱之处"，在于他的坦然。或许他的思想境界并不高，但他不像某些人那么虚伪：明明是个享乐主义者，却要遮遮掩掩，故作清高。

这里需要强调一点，在中国，人们普遍信奉"先苦后甜"的人生哲学。然而，正如没有尝过"苦"也就感觉不出"甜"一样，如果失去了"甜"，哪怕只是幻想中的"甜"，吃"苦"也就没有什么实际意义了。事实上，正是因为人生的"苦"与"甜"交错混杂，才造就了千姿百态的苦乐人生。既然人生有苦亦有乐，既然人生有些时候必须吃苦，我们就应该做一个既吃得了苦，也享得了福的人。

有些人固执地认为，幸福必须与成功挂钩。倘若一个人总是失败，却奢谈"幸福"，这不是自欺欺人吗？其实，成功固然值得欣喜，但幸福很多时候并不需要多么雄厚的资本。近年来，还流行"小确幸"一词，它源自村上春树的随笔集《兰格汉斯岛的午后》，这是一本散文集，其中有一篇散文名字就叫《小确幸》，说白了，就是指生活中微小但确切的幸福。

哪些是"小确幸"呢？很多事物都可以，只要你用心去体会就行。摸摸口袋，里面居然有钱；电话响了，居然是刚刚想过的人；打算买东西，恰好赶上了降价；笨手笨脚，但完美地磕开了一个鸡蛋……小确幸就是这样一些东西。从心理学上讲，它是一种当我们进入一个专心致志、活在当下、浑然忘我的状态才会感受到的，最真切和细微的幸福与满足。生活不易，谁都在负重前行，所以"小确幸"一词备受欢迎，迅速流行开来，成为热词。

学习也不易，天才总是那么少，天赋总在别人家，学霸为啥那么强？很多东西告诉我们，我们未必学得来。但是，如果我们有了小确幸思维，并把它应用到我们的学习过程中，我们一定可以轻装上阵，从知识海洋中打捞起更多稍纵即逝的美好。如果你愿意认同，这其实也应该是这个知识焦虑时代的正确打开方式。

现在，到处都在谈速成，别的我不敢说，至少在学习上，我多年的经验告诉我，该走的路必须要走，该看的书必须要看，而且要一丝不苟。不要总是幻想毕其功于一役，一夜之间在地上建起天堂，那是违背自然规律的，从一开始就乱了初心。

有人认为，"小确幸"一词，透露着浓浓的小家子气，很别扭，显得很不思进取。其实看看村上春树的原文，"它们是生活中小小的幸运与快乐，是流淌在生活的每个瞬间且稍纵即逝的美好，是内心的宽容与满足，是对人生的感恩和珍惜。当我们逐一将这些'小确幸'拾起的时候，也就找到了最简单的快乐！"就知道作者原本只是想说，人应该快乐地生活，但硬是被人篡改成了不思进取。学习也是这样，那些把自己的学习或者孩子的学习搞得惨烈无比的人，其实都没有从本质上搞懂学习。

我们为什么不愿意学习？因为我们的大脑不愿意学习，学习会消耗能量，而且不一定有收获。不过，一旦有收获，大脑也会马上分泌能使人愉悦和满足的神经传导物质——多巴胺，作为奖赏。小确幸，恰恰暗合了大脑的机制，从生物学的角度去调整我们的学习，让学习的乐趣变得实实在在，而不是空谈。

胡适也早就说过，"进一寸有一寸的欢喜"，如果我们看看全文的话，"怕什么真理无穷，进一寸有一寸的欢喜。即使开了一辆老掉牙的破车，只要在前行就好，偶尔吹点小风，这就是幸福"，其核心思想与村上春树的小确幸如出一辙，惊人的相似。

以往，我们读到这句话，重心都是放在"进一寸"上，而忽略了"欢喜"。其实欢喜不容忽略，任何忽略体验与感受的学习方式都是斯巴达式的残忍，而斯巴达这个民族早就灭亡了，不是么？

言归正传，要想在枯燥的学习中感受到快乐，我们不妨在学习过程中多给自己找一些满足感，刺激多巴胺的分泌，进行下一步愉快的学习，找到更多的成就感，收获更多的收获，再带着自信，一路"打怪升级"，挑战更高维度的知识。

很多人喜欢玩游戏，但从来不曾想过，我们之所以一打开游戏界面就停不下来，闯完一关还想再闯一关，有时甚至会忘记时间的流逝，有一个很重要的原因，那就是游戏设计人员在游戏里设置了很多小奖励，这些不断取得的小奖励能够让我们收获即时快乐，不断产生多巴胺，以至于让我们沉迷在游戏的世界中，不能自拔。那我们为什么不能在学习的时候也参考一下游戏机制呢？如果能收获确切的知识，也收获稳稳的快乐，你的学习之旅肯定比别人走得更远，肯定能学到更多。

对非专业人士来说，小确幸式的学习基本上就是微学习。所谓微学习，就是碎片化学习，提倡随时随地学习，想学就学，学到一点儿就是一点儿。它培养的是自主学习的精神，比如每天学一句英语口语，学一首古诗词等，不受时空的限制，也不受内容的限制。假以时日，微学习的结果不仅不微，往往还很惊人。

第二十份忠告：推己及人

1. 将心比心是一种大智慧

"恕"是承载儒家思想的关键词汇之一，也是中国传统文化的重要内核之一。《论语·卫灵公》篇中，子贡与孔子的一段对话很好地诠释了"恕"字的含义。其原文是这样的：

子贡问曰：有一言而可以终身行之者乎？
子曰：其恕乎！己所不欲，勿施于人。

在这句话中，"己所不欲，勿施于人"就是孔子对"恕"的解释。那么，"己所不欲，勿施于人"又作何解释呢？通俗地说就是：如果你想与人和谐相处，不妨时时处处推己及人、将心比心。

关于这一点，我们从古人造字中就能体会出其中的深意。你看"恕"这个字，上面一个"如"，下面一个"心"，表示"愿你心如我心"，其中就蕴含了理解、宽容、体谅，以及同情心、共理心等高贵品质。你看，古人是何等的智慧！

事实上，一个"恕"字既包含了对自己的了解，也包含了对他人的了解。一个人只有对自己足够了解，才能知道自己的所欲和所不欲，进而才有可能生发出"我心如你心"的同理心，才会有体谅和宽容他人的胸襟。可见"恕"字的确值得我们每个人用一辈子的时间去实践它。

在声名远播的老清华人中，潘光旦先生可谓是一位深谙"恕道"的忠厚长者。潘先生是我国著名的社会学家、优生学家、民族学家；

1913 年由江苏省政府保送至清华学堂读书，毕业后赴美入达特茅斯学院留学，1924 年获学士学位，同年入哥伦比亚大学研究院，获理学硕士学位；1926 年回国，先后于上海、长沙、昆明和北京等地多所大学任教。建国后，曾担任政务院文化教育委员会委员、全国政协委员等职务。

潘光旦先生一生涉猎广博，在社会思想史、家庭制度、优生学、人才学、家谱学、民族历史、教育思想等众多领域都有很深的造诣。他早年在清华读书时，一次他的国学老师梁启超在其论文评语中写道："以吾弟头脑之莹澈，可以为科学家；以吾弟情绪之深刻，可以为文学家。望将趣味集中，务成就其一，勿如鄙人之泛滥无归耳。"可见梁启超对他期望之殷。

潘光旦先生一生的为人、处世、做学问都充满着中国传统士大夫的忧国忧民情怀。他一贯严于律己、宽以待人，其敦厚宽容之风尤其令人动容。前些年，《北京日报》曾经登载过一篇短文《费孝通谈潘光旦先生的人格和境界》，其中就涉及到这方面的内容，现摘录如下：

在我（指费孝通）和潘先生之间，中国知识分子两代人之间的差距可以看得很清楚。差在哪儿呢？我想说，最关键的差距是在怎么做人。潘先生这一代人的一个特点，是懂得孔子讲的一个字：己。推己及人的己，懂得什么叫作己。己这个字，要讲清楚很难，但这是同人打交道、做事情的基础。

潘先生这一代知识分子，首先是从己做起，要对得起自己，而不是做给别人看，这可以说是从己里边推出来的一种做人的境界。社会上缺乏的就是这样一种做人的风气。年轻的一代人好像找不到自己，自己不知道应当怎么去做。作为学生，我是跟着他走的。可是，我没有跟到关键上。直到现在，我才更清楚地体会到我和他的差距。

潘先生这一代人不为名、不为利，觉得一心为社会做事情才对得起自己。他们有名气，是人家给他们的，不是自己争取的。他们写文章也不是为了面子，不是做给人家看的，而是要解决实际问题。这是他们自己的"己"之所需。

有些文章说潘先生"含冤而死"，可是事实上他没有觉得冤。这一点很了不起。他看得很透，懂得这是历史的必然……

有智者曾说：宽容既是对别人错误的谅解，也是对自己狭隘的超越。宽容，首先是指向别人的，然后才是指向自己的。当我们看到、听到或感觉到别人有不当乃至错误的言行时，能够不予计较，能设身处地地为他人着想，进而理解乃至谅解他人，无疑需要一颗大智大慧的心。事实上，现实生活中，许多人由于缺乏自省的智慧，所以总是无法做到推己及人。古今中外，这样的例子不胜枚举，比如：

春秋时期，有一年冬天，齐国下大雪，三天三夜不停。齐景公裹着狐裘，烤着炭火，坐在厅堂里欣赏雪景，嘴里还不住地说："呀，下了三天雪，居然一点儿都不冷呢，要是能多下几天就更美了！"

当时晏子正陪侍在齐景公左右，他望着翩翩落下的白絮，若有所思地对景公说："您真的不冷吗？"景公乐呵呵地点点头。

晏子见景公没理解自己的用意，便直爽地说："我听说，古代的贤君，自己吃饱了一定要去想想天下还有人正在挨饿；

自己穿暖和了，一定要去想想天下还有人正在受冻；自己安逸了，一定要去想想天下还有人疲累不堪。眼下您穿着名贵的狐裘，烤着檀木的炭火，心里头却思想着雪再多下几天，这可不是贤君应该有的想法呀！"景公听后，脸红一阵白一阵的，一句话也答不上来。

历史上的齐景公并不是一个善于自省的贤德之君，所幸有晏子这样的贤臣辅佐才没有给齐国的百姓带来大灾祸。然而，作为一个普通人，倘若没有推己及人的处事智慧，往往会使自己掉入"以怨报怨""以牙还牙"的恶性循环中。

再来看下面的故事：

在上世纪60年代，非洲某国的白人政府推行严酷的"种族隔离"政策，他们不允许黑人进入白人的公共场所。白人也打心眼里不喜欢与黑人来往，认为他们是低贱的种族，避之唯恐不及。

一次，有个长发的白人女子独自来到海滨度假。她每天在大海里尽情地游泳嬉戏，累了便躺在沙滩上进行日光浴。就这样，不知不觉间十多天过去了。一天，由于过于疲劳，她竟躺在沙滩睡着了。当她醒来时，太阳已经下山了，天色很暗。此时，她感觉饿极了，便走进附近的一家白人开的餐馆里准备吃点东西。

她推门而入，选了张靠窗的桌子坐下。她坐等了大约15分钟，也没有服务员来招待她。她见服务员殷勤地招待着比她来得还迟的顾客，顿时满腔怒气，便想走上去责问那些服务员。

她站起身来，正想走过去，突然发现眼前有一面大镜子。她下意识地朝镜中瞥了一眼，眼泪不由夺眶而出：原来，她已被太阳晒得黑黢黢的！此时，她才真正体会到被人歧视的滋味！

后来，这位女子成了一位坚定的反种族隔离人士。

2. 懂得包容，路才会越走越宽

喜欢关注影视娱乐资讯的人都知道，近20年来，中国大陆影坛现象级的"草根明星"非黄渤莫属。从2000年参演《上车，走吧》的进城农民工入行，到2006年凭借《疯狂的石头》里的笨贼黑皮一炮走红，再到2009年凭借《斗牛》中男一号牛二荣膺"第46届金马奖最佳男主角"奖，这位学历不高、其貌不扬、能说10多种方言、在电影中干着各种不着调的事情的小人物，成为内地走红速度"最快"的娱乐明星，实在是羡煞旁人。但是，熟悉他的人都知道，他的成功绝非偶然。

初中毕业后不久，黄渤便只身前往广州闯荡。一个偶然的机会，他签约太平洋唱片公司，成了一名歌手。当时，与他一同签约的还有毛宁和杨钰莹。后来，这两位都红了，只有他一直默默无闻。1994年，他离开太平洋唱片公司，辗转来到北京，在三里屯一带的酒吧当驻唱歌手。当时，他租住在朝阳区东边郊区的民房里。大冬天，他每天蹬两个钟头自行车去酒吧唱歌。这期间，他认识了许多同他一样在酒吧里唱歌的朋友。后来，这些人相继大红大紫，只有他仍然像一个过客，被人们遗忘在某个角落里，默默无闻。

2000年，通过朋友的推荐，他开始参演电影。这期间，他虽然也饰演过主角，但更多的是一些诸如士兵甲、路人乙的龙套角色。2009年，他在电影《斗牛》中饰演男一号牛二。一次，为拍摄一组镜头，他需要从山脚下跑到山顶，那座石头山高约一二百米，场工来回一趟都累得直喘粗气，他却一连跑了三四十趟，且毫无怨言。这部戏拍了3个月，据说他的鞋子磨破了38双。也正是凭借该剧，他一举夺得"第46届金马奖最佳男主角"奖。从此，其事业步入坦途。

成名之后的黄渤，又是怎么做的呢？且看下面的故事：

2009年某日，黄渤正在剧组拍戏，突然接到凤凰卫视某编导的电话。电话中，该编导提出了一个请求，令黄渤哭笑不得。原来，自黄渤荣膺"金马奖"影帝后，数家媒体争相邀约采访这位新科影帝。凤凰卫视自然不甘人后，由许戈辉主持的《名人面对面》栏目也向黄渤发出邀请。黄渤欣然应允。

采访那天，黄渤准备充足，状态颇佳，与许戈辉对谈甚欢，整个采访过程也相当顺利。然而，谁也没想到，第二天编导准备为这次采访进行后期剪辑时，发现昨天拍摄的磁带竟然完全报废了。在以严谨著称的凤凰卫视，这种技术故障几乎是不可能发生的事，但新科影帝黄渤偏偏就中了这样的"大彩"。眼下，唯一的补救办法就是再次邀约黄渤到现场重录，而这无疑太为难黄渤了。主持人许戈辉陷入了愧疚和焦虑之中，万般无奈之下，最后决定由节目组编导向黄渤如实解释，试着再邀请他一次。

这样，就有了前文所说的那个电话。黄渤当时也是一愣，感觉确实挺为难的。谁都知道，一档访谈节目是否成功，与受访人的临场状态关系极为密切。嘉宾通过主持人的提问，把自己的过往经历、轶闻趣事饶有兴致地讲出来和观众分享，这样观众就能够通过荧屏触摸到一个有血有肉的人，这种精神愉悦只可意会不可言传。如果重新录制，就如同刚出锅的烧饼再次回炉，烧饼原始的香味和口感无疑会大打折扣。如果一口回绝，似乎又说不过去。再加上剧组的档期的确比较紧，这该怎么办呢？

黄渤踌躇了片刻，对编导说："我最近档期确实挺满的，要不您再等等，稍后我给你们一个答复吧。"

在忐忑不安的等待中，许戈辉终于收到一个令她欣慰的消息：黄渤同意重录。

过了几天，黄渤拖着一身疲惫如约而至。刚见面，许戈辉就迎上前表达深深的歉意，黄渤则笑着说："很高兴再次见到您。"许戈辉真诚地解释道："在凤凰卫视，这种百年不遇的事，没想到被你赶上了。"黄渤笑着回答："连我黄渤这样水平的演员都能获奖，那机器为什么不能坏一次呀。"几句轻松的玩笑话一下子化解了所有的尴尬。之后，双方迅速进入正题，访谈重新开始。就这样，黄渤又"复盘"了一期《名人面对面》。镜头前，他依旧那么投入，毫无敷衍之态。事后，许戈辉颇为感动，忍不住问黄渤："当时节目组编导给你打电话时，你真实的想法是什么？"

黄渤摸着脑袋，嬉笑着说："真实想法啊，就是沮丧呗。说实话，当时拍戏也挺累的，档期也特别紧。但是，我知道这一趟我必须来呀。"许戈辉问："为什么说这一趟必须来？"黄渤说："将心比心嘛。"接着，他回忆起一件往事——

小时候，黄渤非常喜欢音乐。一天，他在商店发现了一张心仪已久的音乐专辑，于是软磨硬泡向父母要了几块钱买下，回家后才发现，放在口袋里的那盒磁带莫名其妙地不见了。他急得满头大汗，急忙顺着原路往回找。路过一处校园门口的时候，天色已晚，突然有个中年妇女叫住了他："小伙子，看你东张西望的样子，是不是丢了什么东西？"他连忙说刚买的磁带弄丢了。"是这个吗？"中年妇女从兜里掏出一盘磁带，说："我路过时在地上发现的，估计是哪个学生不小心掉了，所以在这儿都等半天了。"

黄渤感激地接过来，连连道谢。中年妇女说："小伙子，别客气。我儿子和你差不多大，他也喜欢听磁带。我捡到磁带的时候就想，要是他把刚买的磁带弄丢了，估计也难过死了，所以我就一直在这里等你。将心比心嘛。"此后，黄渤再也没见过这位素不相识的阿姨，但这件小事让他深深地领悟到一个道理：拿自己的心去衡量别人的心，是一种美德。

我们不难看出，黄渤身上具备着一个成功人士最不可或缺的一种优秀特质——推己及人、将心比心，以及善于理解与包容他人缺点或错误的胸襟。这样的人，不去演电影，干什么也不会太差。

第二十一份忠告：大爱无疆

1. 仁人种爱，只为育人

1962 年 5 月 19 日，一位年逾古稀的老人在宝岛台湾病逝，他的传奇一生也就此画上了句号。他被安葬在台北清华大学校园内的山顶上，墓园取名为"梅园"。这样的殊荣在清华校史上是绝无仅有的。园主人名叫梅贻琦。熟悉清华校史的人都知道，梅贻琦先生在清华校史上的地位，不在于他在清华大学这所名校做了 17 年校长，而在于他在这 17 年中，将清华大学打造成了一座顶级名校。

"所谓大学者，非谓有大楼之谓也，有大师之谓也"，"清华学生但求做大事，不求作大官"，相信大多数人最初正是通过这样的"大师之言"知道和了解梅贻琦先生的学问和人品的。事实上，梅贻琦先生不仅是一个温文尔雅、富有良知的知识分子，更是一个爱心满满、心怀天下的仁人君子。这一点，从他执掌清华帅印期间热心于公益慈善事业中，得到了淋漓尽致的体现。

清华的公益慈善事业起步很早，而在梅贻琦先生出任清华大学校长的 17 年间，他又将清华的公益慈善事业推向了一个全新的高度。据不完全统计，自 1931 年 12 月 3 日梅贻琦先生出任清华校长始，至 1937 年清华因抗战南迁的 6 年间，在公益慈善活动中，有名单记载的梅校长捐款次数即达 15 笔之多，说梅校长是"逢募必捐"也不算夸张，而且除了个别几次外，他都是捐款数额最多的人。

要知道，当时由于国民党政府的腐败无能，加上天灾人祸，战乱频仍，清华的办学经费常常捉襟见肘，即使贵为一校之长，梅校长的收入一度也是相当微薄。然而在这样的艰难困苦中，仍旧"逢募必捐”，而且多次“敢为人先”，除了饱含忧国忧民之心，是无法作其他解释的。

梅校长除了自己带头捐款外，其家人也纷纷仿效他的善举。如1933 年 1 月 24 日，由梅校长的长女 11 岁的梅祖彬领衔，清华园内 44 名教职员工子女共同为抗战捐款 126 元，并委托社会力量为前方将士赶制了一批棉袜，一时传为佳话。

与此同时，在他的推动下，清华大学还成立了专项基金，为贫寒学生提供助学金。从 1934 学年开始，清华每年资助清寒公费生 10 名，清寒助学金名额 40 名；前者每人每年可获得的津贴最多可达 240 元，后者每人每年可获得的津贴达 80 元。

跨入新世纪后，清华大学不仅继承了梅贻琦热心公益慈善事业的传统，而且将它进一步发扬光大。举例来说，自 1998 年以来，清华大学响应团中央、教育部号召，组建了研究生支教团。22 年来，支教团薪火相传，数百名志愿者前往西藏、青海、甘肃、宁夏、山西、河南、河北、湖南、云南等贫困地区，接力教育扶贫，为中西部地区发展贡献了青春力量。

下面摘录的是清华学子罗灿在青海省湟中县第一中学从事支教工作时的感人心声：

去年 8 月，第一次踏上这片土地，来到支教地湟中一中。学校给我安排的是教初二年级英语。因为是第一次当老师，所以初上讲台还是挺紧张的。……第一个月的教学任务有些生疏，我自认为非常努力，也足够尽心，但第一次月考班级的成绩很不理想，120 分的试卷，班级平均分只有 50 来分。这个分数，对于来自湖南考区的我来说简直是不可想象的。因此，很长时间里我都摆脱不了那种挫败感。

……通过与学生谈心，我意识到我的两个大问题：一是要求不够严格，二是不够有耐性。我当时在心里告诉自己：我要改变。我没有丰富的教学经验，但相信勤能补拙。与此同时，学校也开展了老教师对新教师的帮扶活动，我每周坚持听指导教师和同组其他老师的课，学习他们的教学方法。并且，每天中午，放学后，以及晚上的时间，我都尽量留在办公室，以便学生有问题可以随时过来问我。对于完成作业不认真的同学，我也一一叫到办公室里同他们谈心；不会记单词的同学，我一遍遍地教他们背诵。我成了办公室里来的最早却走的最晚的老师。所幸有付出就能获得回报，第一次全县统一期末考试时，我教的班获得了全县第一名的好成绩，这让我很是欣慰。

　　……在城市长大的我从来没有如此近距离地感受过山区孩子学习的辛苦。虽说九年制义务教育的施行免除了这里孩子的学费，但对这里的孩子来说，上学的机会依旧是那么的来之不易。如果不是这次亲身感受，你永远不知道这些十三四岁的孩子，为了读书，他们稚嫩的身体承受着多大的重负。

　　班里的孩子，家不在县城的很多。不在县城就意味着住在山沟里。对于这些山沟里出来的孩子来说，一个学期的住宿费和伙食费用可能是家里无法负担的，于是他们只能每天花两三个小时翻山越岭走小路来回奔波。高原的山区，对于我们来自平原地区的人来说，走路太快就已经会大口喘气，翻山越岭简直是不可想象的事情。这里的冬天10月就来了，很冷，天黑得早，路上没有路灯，下雪的时候地很滑，而他们必须早上5点起床，穿着单薄的衣服，忍受最低零下20度的气温，摸黑赶到学校。而中午没有时间回家，只能早上带馍馍当饭吃，或者买一包1元钱的方便面干吃。

　　按理说，艰苦的环境更应激起孩子们学习的欲望和好强的精神，但对未来的迷茫，理想和信念的缺乏使得很多孩子缺少学习的动力。征得班主任同意后，我给全年级各个班轮流做了一个关于"清华精神和理想"的讲座。我给他们看了很多清华的照片，讲大学生活，讲"自强不息，厚德载物"的校训，讲老一辈清华人的理想和实现。每次班会都得到了学生积极的响应，班会后他们写的日记让我觉得努力没有白费。我想，给他们一个看世界的窗口，就可能给他们的生命点亮一盏希望的灯。而这盏灯，可能照亮他们一生。这或许正是我们支教的意义所在。

……如果要说青海和北京有什么区别，我想最重要的一点莫过于青海地处高原。高原反应是我们到这边面临的第一个问题。最初总觉得缺氧，吸入的空气仿佛只能充盈肺部的一半，头几个晚上睡眠很不好，一整夜要醒个四五次。后来慢慢地习惯了这里空气的含氧量，只不过运动稍微剧烈点便会喘不过气。

每天早出晚归的生活很充实，也很容易让人疲倦。可能因为初到高原，再加上冬天时间长，我特别容易感冒。虽然感冒，头疼，咳嗽，课却不能拉下，有老师劝我休息，可我觉得感冒只是小问题，学生的课却一天也不能耽搁。这个学期初，感冒很长时间的我因为长期低烧引发了肺炎，同时检查出来的还有低血压，以及长期疲劳引起的神经性头痛。这次是真的不得不暂时离开那个三尺讲台一段时间了，我每天昏昏沉沉地去诊所打点滴，躺在病床上，更让我担心的是学生的课由谁来上，作业由谁来批改。四天后，烧退了，打完最后一次点滴我便回到了办公室，批改积累在桌上的作业，尽快投入到教学工作中去。

令我感动的是，我一回到学校，办公室的同事和班里的学生们就非常关心我的病情。这样，我尽力克服了所有在生活中遇到的问题，始终坚持把教学放在第一位。

……

正所谓上善若水，大爱无疆，爱的形式多种多样，罗灿在高原贫困山区支教的事迹只是成千上万清华学子无私奉献的小小缩影。清华的慈善精神在梅贻琦先生他们的时代就那一代早早地播下了火种，如今则通过诸如支教的方式薪火相传，相信未来会有更多的慈善之花遍地绽放。

2. 君子聚财，以利天下

在中国企业界，曹德旺是个异类。

为什么这么说呢？我们从他小时候说起。

他出生于1946年，童年记忆中的高频词是"贫困"、"饥饿"和"艰辛"。他9岁上学，14岁就辍学了。老师经常嘲笑他，同学经常欺负他。这种经历让他意识到：同情心对于一个人是多么重要！

14岁退学后，母亲向生产队申请，给他认领了一头牛。他每天早出晚归放牛，只挣两个工分。但村里的人总说牛没吃饱，干活没力气，不断向领导告状。过了一年，父亲对他说："不放牛了，你跟我去做生意吧。"

一开始是做卖烟丝的小本生意。后来，廉价香烟逐渐普及，烟丝生意不好做了，他又做起了贩卖水果的生意。贩一趟水果，300斤，纯利润两块多，一个月20趟，挣50多块。那时候，他每天凌晨3点左右起床，骑车驮着水果从高山镇到福清市去卖，来回80公里。"每天都很累，第二天起床非常困难，我妈每天都要先哭一阵子才叫醒我。"他说。

1976年，曹德旺30岁。这一年他终于有了第一份正式工作，成了高山镇异形玻璃厂的一名采购员。结果，玻璃厂从1978年到1984年连年亏损。不过，领导认为他很有商业头脑，希望他能承包玻璃厂。于是曹德旺用自己的房产做抵押入股，与玻璃厂合资成立了福建省第一家公私合资厂，他个人占股 50%。没想到，承包当年，他就净赚了 20 多万元，上交给国家 6 万元利税。他成了真正意义上的老板，并且是美国《福布斯》杂志"中国富豪排行榜"中最早的中国企业家。

几年后，中外合资汽车厂如雨后春笋般在中国大地遍地开花。当时，这些合资厂必须花大价钱进口国外的汽车玻璃。曹德旺敏锐地发现了这一商机，于是通过购买上海耀华玻璃厂的旧设备图纸，成功完成了设备升级，并顺利投产，当年即盈利 70 多万元。

两年后，他又联合 11 个股东，集资 627 万元，成立了福耀玻璃有限公司，开始大批量生产汽车玻璃。此后 10 年间，他不断引进技术，一跃成为中国本土最大的汽车玻璃生产商。

手里一下子有了这么多钱，到底应该怎么花？这时，他想起了在某本书上偶尔看到的一句话："如果你想快乐一小时，就去睡个午觉吧；如果你想快乐一整天，你就去野外旅行吧；如果你想快乐一辈子，就去帮助别人吧。"童年和青年时期的苦难经历也时时刻刻提醒他：社会上还有许许多多身在底层的人需要他的帮助！

此后，他踊跃为灾区捐款，为家乡修建学校、福利院、公路，并在多所大学设立奖学金。2008 年 5 月 12 日，汶川发生强烈地震，此后他以个人名义捐款 2000 多万元。当年的"胡润慈善榜"上，他以捐资 1.46 亿元位居第 14 位，是连续 5 年上榜的 16 位企业家之一。

2011 年，他又捐出 3 亿股福耀玻璃股份，正式成立河仁慈善基金会，首开以股权捐赠做公益慈善的先河。当时他说："企业家若没有社会责任感，充其量是个暴发户。" 此后，慈善公益俨然成了他的"第二事业"。

在清华大学演讲时，曹德旺进一步解释说："做慈善不是富人的专利。做慈善要量而行。我捐几十个亿，和你们拿工资的人捐几千块是一样的，因为你已经尽力了。即便没有钱，你还可能给人以笑容，展示你的同情心，对地位比你低的人客气点。这些都是无形的慈善。"这番话貌似恬淡，却道尽了慈善的本质。

而我们之所以在开篇说他是个异类，是因为眼下中国的富豪阶层没有真正负担起应有的社会责任来。据2018年美国咨询机构发布的一项独立调查显示，中国拥有百万美元以上私人财富的家庭增至500万个，居世界第二。这一数字仅次于美国，是日本"百万家庭"总数的4倍。然而，中国"百万家庭"的数量虽然有所增加，但热心慈善事业的比例却非常低。

造成这种状况的原因，有人认为，一是我国慈善制度不健全，慈善渠道不完善，富豪们普遍对现有的慈善基金的效果持不信任态度，这无疑影响了他们投身慈善事业的积极性；二是我国富豪阶层的整体素质较低。须知，中国第一代富豪多为"草莽"出生。当年，他们中的许多人都是靠政策红利或投机取巧才赚取第一桶金的。长期以来，他们的血液中流淌着"野蛮生长"的基因，即使迈入了富豪阶层，他们的自我提升意愿也不迫切，其结果就是社会责任感淡漠。

最为奇葩的是，眼下社会上流行这样一种观点，旨在为富豪们淡漠行为张目。他们认为：富豪人的钱是人家凭本事挣来的。捐，是人家的觉悟；不捐，是人家的自由。不得不说，持有这种观点的人格局令人担忧。须知，如果一个国家的富豪阶层普遍缺乏社会责任感，不懂得回馈和感恩社会，长此以往贫富分化必将越来越严重。倘若如此，这样的社会很难说是一个健康、良性、稳定的社会。因此，我们有必要通过制度建构以及文化建设，来培育富豪们的社会责任意识，形成富豪们积极投身慈善事业的风尚。唯有如此，财富才能最大程度地显现出其积极意义。

富豪们社会责任感淡漠的另一种奇葩表现，就是热衷于讽刺或打击那些热心慈善和公益的人。歌手韩红的遭遇就很有代表性。

韩红最为人们所熟知的身份是一名"国家队"歌手。她的嗓音相当有辨识度，其代表作《天亮了》《绒花》可谓家喻户晓。她的第二身份是"韩红爱心慈善基金会"的法人。近年来，韩红渐渐远离荧幕，很少出现在电视节目中，其中的原因是她把相当大的精力投入到了公益慈善事业当中了。

很多人有这样的观点：明星、歌手做慈善那不是理所应当的吗？他们拿着天价片酬或出场费，难道不应该为社会多做点儿贡献吗？另外也有人认为，韩红如此热心公益事业，无非是想落个好名声，好名也是好，不然她图什么？面对诸多质疑，她从不做过多解释。她所能做的就是将募捐所得的款项公之于众，这就是她无言的解释。

网友们喜欢说，"彪悍的人生不需要解释"，但我们还是希望，能够有更多的人支持和理解韩红，能够有更多的中国企业家既学习曹德旺的经营之道，也效仿他的慈善之举。

第二十二份忠告：身心并重

1. 无体育，不清华

许多人或许会有这样的疑问：清华大学为什么要以"清华"命名啊？

答案是：

首先是因为该校所在地原为清代的皇家园林——清华园；其次是因为"清华"的本意为"水至清，木至华"，寻寻常常的两个字暗合了中国传统士子对读书环境的期许，以及对人生臻境的向往：读书环境须绿树成荫、碧水环绕；学问人品须清如水、华如木。

去过清华的人都知道，清华校园内有一处著名的景点，名为"水木清华"。"水木清华"四字正是对"清华"二字最好的诠释。"水至清、木至华"这六个字用于清华人对学问人品的追求自然毫无问题。倘若仔细推究，其实这六个字还有一层意思，那就是清华人对"体育立人"理念的追求。

在首任清华大学体育部长马约翰先生看来：一个人倘无强健的体魄、坚韧不拔的意志，就不可能成为一个水至清、木至华的人。反之，倘若一个人有强健的体魄、坚韧不拔的意志，就极有可能成为一个"水至清、木至华"的人。针对以上观点，他阐述说：

体育能给学生带来身体和人格上的塑造，可以培养人的勇气、自信心、进取心和坚持心；还可以培养人的诸多社会品质，譬如公正、忠实、自由的个性等。

为此，他提出了一个著名的口号：无体育，不清华。在 100 多年前中国普遍民智未开的国情下，这位体育部长的教育理念无疑是相当具有前瞻性的。

事实上，清华大学建校之初，对学生体魄的培育就十分严格。当时学校规定：体育不及格者不得毕业，更不得赴美留学（清华的前身为"留美预备学校"）。据有关资料显示，当年清华有一整套"体力测验及格标准"，如爬绳、跑步、跳远、游泳等，学生如有一项不及格便不能毕业。著名学者吴宓就曾因跳远未及格而被迫延期半年毕业，半年后跳远补考及格才获得赴美留学的资格；作家梁实秋在游泳补考测试中"拼尽全力游完全程才得以通过"。

为了督促学生，马约翰先生经常拿着小本子，对照名册，揪出躲在角落里想逃避体育锻炼的学生。这样一来，客观上也将一群文弱书生"驯化"成了一个个运动健将。著名建筑学家梁思成曾在晚年对学生表示，自己当年在清华读书时也是一名运动健将。他说：

> 别看我现在又驼又瘸，当年可是马约翰先生的好学生，有名的足球健将，在全校运动会上得过跳高第一名，单双杠和爬绳的技巧也是呱呱叫的……我非常感谢马约翰先生。想当年如果没有一个好身体，怎么搞野外调查？在学校中单双杠和爬绳的训练，使我后来在测绘古建筑时，爬梁上柱攀登自如。

除了注重培养学生的强健体魄，马约翰先生还尤其注意体育精神的教导，如公平竞争、直面失败、遵守规则等道德方面的塑造。有学生在回忆马约翰先生的拳击课时曾这样说：

> 马老强调，拳击是比赛项目，不是生死决斗。如果对手倒地了，就不能摁住继续猛打，置人于死地，这使我懂了什么是比赛中的

"光明正大精神"和"公平公正原则"，英语为 fairplay。

清华校园的体育氛围如此浓厚，以至于时人将它戏称为"大清体校"或"五道口体校。"的确，无论是在战火纷乱混乱的年代，还是现如今"经济挂帅"的浮躁年代，"体育"和"清华"已经有机地融为一体。"无体育，不清华""为祖国健康工作五十年"等类似的体育理念已经成为一代代清华人的共同记忆。

如今，清华大学的体育教育早已全国闻名。要知道，我国体育课堂教学长期普遍存在"三无七不"的现象：无强度，无难度，无对抗；不出汗，不喘气，不脏衣，不摔跤，不擦皮，不扭伤，不奔跑。这样看来，清华的体育教育无疑是鹤立鸡群的，因为自建校以来它就从没"温柔"过。

清华大学的本科学制原为 5 年，后来普遍地由 5 年变为 4 年，许多课程都相应地缩减了，但体育必修课的覆盖时长却从 3 年变为 4 年。其中的硬性规定有：新生入学，军训 20 天；每周至少 3 次阳光长跑，女生跑 2000 米，男生跑 3000 米。其中，女生跑 1500 米，男生 3000 米，更成为必测项目。从 2017 开始，清华大学规定：不会游泳者不能毕业……而且，这些规定都是强制性的。正是这种强制性的体育教育，明显改善了新世纪清华学子体质普遍赢弱的状况。

从 2011 年开始，清华大学又第一个吃螃蟹，在自主招生的复试中增加了体质测试一项。通过笔试的考生可以自愿参加体质测试，成绩优异者可在原有分数的基础上加 5 分；成绩不理想的学生，则不会影响原有分数。事实上，这样做的导向作用已经初步显现。据传，许多立志报考清华的学生从高二开始，每天挤出时间来锻炼身体。此外，在清华的百余个学生社团中，体育类社团占了近三分之一，会员达 5000 余人之多，位列各类社团之首。

与此同时，为了巩固和弘扬"无体育，不清华"的校园文化，

1954年，在蒋南翔校长的倡导下，清华大学开始大规模地成立体育代表队。当时田径、技巧、足球、篮球、排球5个项目均成立了相关的代表队，首批队员即达200余人。

目前，清华体育代表队已涵盖跳水、射击、田径、赛艇、篮球、游泳、排球、足球、乒乓球、武术、健美操、棒球、垒球、网球、羽毛球、围棋、中国象棋、国际象棋、桥牌、登山、轮滑、五子棋、击剑、手球、台球和健美等26个项目，共37支队伍、500多名队员，是全国高校中规模最大、体系最完备的体育代表队。

近年来，"网红校长"施一公的睿智言论在网络上流传极广。事实上，他在清华大学就读期间，还是一个十足的"体霸"，更是一个体育受益者。离开清华后，在许多场合他都发表过类似的观点：

体育锻炼是一种自强的精神、一种拼搏的气质、一种受益终生的生活方式。正是当年在清华园养成的良好锻炼习惯，才使得我在紧张的学术研究中能够保持旺盛的精力和健康的体魄。

确实，体育是培养人格的最好工具。一个人要想在德、智、体、美诸多方面全面发展，体育立人的功能绝对不容忽视。这一点，清华人是值得自豪的。

2. 身体是革命的本钱

在2020年年初新冠肺炎疫情暴发之际，84岁高龄的钟南山院士忘我奋战在抗疫第一线的视频，曾令亿万国人感动。与此同时，其过人的精力也成为人们热议的话题。随后，有细心的网友通过收集历年来关于钟院士的视频、图片和文章发现，原来钟老曾是一名运动健将！

如今，钟院士依然保持着每日运动的习惯。从网上流传的一组钟院士日常健身的照片可以看出，尽管他已是 84 岁高龄，但依旧身材匀称，身形矫健，发达的肱二头肌完全不输许多专业运动员，哪里像一位已届耄耋之年的老人？毫无疑问，其旺盛的精力正是长期锻炼的结果。

　　4 月 14 日，在与中国女排前队长惠若琪视频连线时，钟院士谈及自己过人的精力时表示："在我的一生里，体育锻炼对我的健康以及事业发展起到了很关键的作用。……我年轻的时候喜欢跑步，也喜欢打球，现在年纪大了，还是坚持跑步、快走等运动。"视频中他还强调："体育运动应该像吃饭、睡觉一样，成为每个人生活必需的组成部分。"

　　另有网友爆料，不仅钟院士本人爱好体育运动，他们全家都喜爱体育运动，并且每个人都有自己擅长的运动项目。例如，她的爱人李少芬曾经是国家女篮队队员，他的女儿是游泳健将，儿子曾是大学篮球队主力队员。据中国冰球协会官方微信公众号转发的一篇文章披露：他的外孙也是一名青少年冰球运动员。

　　作为当今中国医学界的泰斗级人物，钟院士的爱好并非孤例。事实上，中外各界领袖及成功人士中，热爱体育运动的人物也大有人在。

　　举例来说：

　　万科集团前董事长王石酷爱登山。在此之前，医生曾告诉他说："下半辈子你可能会在轮椅上度过。"然而，仅仅四年之后，他却从喜马拉雅山北坡成功登上珠穆朗玛峰，成为中国登顶珠峰年龄最大的一位。

　　搜狐创始人张朝阳除了登山成瘾外，还是一个资深的游泳爱好者。2017 年 8 月 13 日，他成功挑战兴城海峡"海上马拉松"，全程用时 4 小时 12 分钟，实际游程 13 公里。2018 年 9 月 15 日，他在韩国首尔参加完 20 公里马拉松赛；次日又横渡首尔汉江，全程用时 55 分钟。

万通董事长冯仑、联想前董事长柳传志则是资深的户外探险爱好者。一次，冯仑在穿越戈壁后这样说："没有任何捷径，不管你是谁，在大戈壁，在这个游戏规则下，你和大家都一样。走，没有别的衡量，能坚持下去走到终点，你就是伟大的。"柳传志也如是说："戈壁徒步其实和创业是一个道理，只有确定自己的目标，坚持不动摇，敢于做孤胆英雄，才能成功到达目的地。"

再来看一些国外政要：

俄罗斯总统普京爱好柔道、曲棍球、游泳，还曾获得柔道比赛冠军。2019年10月7日，普京携国防部长谢尔盖·绍伊古在西伯利亚叶尼塞河畔海拔近2000米的原始森林中徒步攀登，以此庆祝自己67岁生日。

美国前总统小布什每周跑步4～5次，至少举重2次。其中，周四长跑，周日快跑，其他时间则慢跑和练习器械。

新加坡前总理李光耀年过古稀时，仍然头脑清楚、精神饱满、腿脚利落。这完全得益于他长期的运动爱好。除了喜欢跑步，他还经常游泳、骑自行车。即使出国参加会议，他的随身行李中一定要带上可折叠的健身脚踏车，以便清晨或晚饭前进行运动。

此外，不少西方要人在体育方面都有一技之长，有的曾经入选大学体育代表队，有的则是职业运动员出身。比如，美国前财长亨利·鲍尔森就曾是大学橄榄球队的明星球员，国际货币基金组织主席拉加德曾是一位花样游泳运动员，世界著名的金融机构黑石集团的创始人苏世民曾经是校长跑队的队员。

有鉴于此，西方的许多大学特别注重吸纳有运动员背景的学生。牛津大学罗德奖学金已创立110多年历史，它的选拔标准它有四项，其中一项就是喜爱体育，而且最好有过人的成就。在校方看来，这样的人往往具备优秀的心智，是值得栽培的未来领袖。

另外，美国最负盛名的大学联盟——"常青藤联盟"，最早其实是哈佛、耶鲁、哥伦比亚等大学组建的"美式足球联盟"。而在中国，早在上世纪60年代，清华附中就有三分之一的学生活跃于各种比赛中，后来他们中的许多人都成为了各个领域的精英人士。

或许有人会问，为什么运动员出身的人容易在社会竞争中脱颖而出呢？这是因为，运动员出身的人他们身上往往具备许多常人所没有的特殊素质：

首先，过硬的身体素质能够抵御各种竞争带来的身体或心理上的压力。

其次，他们往往具有难以击垮的自信心和自制力。例如，普通人踏入社会之后参与竞争的模式通常是：计划失败→沮丧→咒骂自己→制订新计划→再次失败→……从此一蹶不振；而运动员出身的人踏入社会后参与竞争的模式通常是：计划失败→找出失败的原因→制订新计划→再次失败→再次找出失败的原因→制订新计划→……直至成功。

其三，运动员最懂得如何去竞争。因为体育运动天生就带有竞争性，运动员长期浸淫其中，自然比普通人更善于竞争，更喜欢竞争。

其四，运动员出身的人更懂得团队合作。即使是单人项目，如乒乓球、体操、跳水、田径等项目，同样需要团队配合。一个团队里有教练、陪练、营养师等，只有每个环节都做到最佳，运动员才可能发挥最佳的竞技状态。运动员长期浸淫在这样的环境中，自然比普通人更懂得团队合作的重要性。

毫无疑问，这一切恰恰是一个成功者必须具备的基本素质。反观中国的许多家长，他们在教育子女的过程中，关注点往往集中在孩子的学习成绩、智力才艺上，而忽视了对孩子的坚强的体魄、自信心、自制力、强烈的竞争意识以及团队合作的重要性等诸多软实力方面的塑造。这种教育方式无疑是短视的、不可取的，因此改变应该从现在开始。

第二十三份忠告：不忘初心

1. 念念不忘，必有回响

她是清华超级学霸、清华大学研究生特等奖学金获得者、清华大学年度人物、清华大学优秀博士毕业生。

2016 年，她入选中国科学技术协会"未来女科学家计划"，是全国唯一一名在读的博士研究生。

2018 年，她加入清华大学结构生物学高精尖创新中心"卓越学者"项目。同年，被美国《科学》杂志评选为"最佳科学家"。

她的名字叫万蕊雪。

有记者问她，你年纪轻轻就取得了许多人一辈子难以企及的成就，其中的秘诀是什么？她笑着回答："我从高中就开始喜欢生物学，希望将来能投身基因工程方面的科学研究，造福人类。"

正所谓念念不忘，必有回响，万蕊雪从"丑小鸭"变"白天鹅"的传奇故事，正是对这句话最好的脚注。

2013 年，23 岁的万蕊雪正在广州中山大学海洋科学学院读大四，同时也面临着人生的第一个十字路口。用她自己的话说："本科毕业后，我本可以在本校轻松地读研究生的，那是水到渠成的事。"但她心中似乎有另外一个声音在召唤。她最热爱的其实还是生物学科，她渴望日后成为一名生物学博士，实现用生物工程攻克人类诸多顽症的梦想。

好友适时地鼓励她说："既然你那么喜欢生物学，为什么不去清华大学施一公教授的门下深造呢？"

万蕊雪一听，连连摇头。须知，施一公教授是国内生物学界的大咖，他主持的清华大学结构生物学研究所是国内顶级的研究机构。一个人倘若想在生物科学领域有所建树，能够得到施一公教授的教诲自然是再好不过的。然而以自己浅薄的资历，能得到施一公教授的青睐吗？她犹豫了。

最后，还是在这位好友的鼓励下，她鼓起勇气给施一公教授发了一封邮件。可是，邮件发出后便如石沉大海。她心想，这事八成没戏了。

不料，一天她突然接到一个电话："你好，是万蕊雪吗？我是施一公……"她的心顿时狂跳起来，看来她的申请有戏了。

就这样，她成了施一公教授的硕博连读生，成了清华大学结构生物学研究所的一名初级研究员。前进的方向虽然找到了，但前进的路途上并非想象中的那样云淡风轻、鸟语花香。须知，能在这里工作的人都不是泛泛之辈。虽然她在中山大学读书时表现一贯优秀，但是来到研究所后，她俨然成了一群"白天鹅"中的"丑小鸭"。好在她天生有一种不服输的劲头，柔弱的外表下掩藏着的是一颗倔强的心，于是她决定奋起直追。

此后，她每天黎明时分就到了研究室，离开的时候已经满天星斗。当许多打工人都在为"996"而苦恼的时候，她每天吃饭和休息时间只有七八个小时，每天工作时间平均在14个左右，每工作三小时才休息5分钟。

为了缓解工作压力，在导师施一公教授的建议下，她每天学习、工作之余，总会抽出几十分钟用于跑步锻炼。她原本是个小胖子，那段时间，她的体重一下减掉了10多公斤。看到女儿的照片后，母亲心疼得直抹眼泪，而她自己一点儿也不觉得苦。

2014年，国际生物界在冷冻电镜技术方面取得了重大突破。一时间，结构生物学领域硝烟四起。有志在该领域扬名立万的大咖们都跃跃欲试，无不想凭借这一技术率先翻越该领域某些未知的高峰。

当时，正在读博士二年级的她听取导师施一公教授的建议，开始独自承担利用冷冻电镜技术提取酵母剪接体的任务。不久，她领导的研究小组在国际顶尖期刊《科学》杂志期刊上接连发表了两篇论文。

2016年春节，她领导的研究小组在实验室里24小时连轴转。她自己负责晚上10点到凌晨6点的夜班。每熬夜一宿，她需要完成2000多步操作。这期间，她常常会为睡着10分钟而自责。因为，当时全世界就这么几台冷冻电镜，她领导的研究小组能够独立拥有这样一台高精尖仪器，这是一种怎样的荣幸与责任啊，因此她觉得一分一秒都不该浪费。

正是凭借着这种责任感与紧迫感，她领导的研究小组不断取得突破。在她读博的三年中，她领导的研究小组在世界生命科学领域的三大顶级期刊——《科学》《细胞》《自然》上发表的论文就达9篇之多。须知，全中国的科研人员每年在这三大顶级期刊上发表的论文加起来也不过几十篇；在施一公教授回国主持结构生物学研究之前，整个清华每年也拿不出一两篇这种份量的论文。

前诺贝尔生理与医学奖得主、哈佛大学医学院教授杰克·肖斯德克看到万蕊雪的研究成果后兴奋地表示："剪接体是细胞结构最后一个有待被解析的超大复合体，这一天我们等得太久太久了！"

面对鲜花和掌声，万蕊雪表现得异常淡然。她说："随着年纪渐长，我慢慢认识到，做科研应该关注的是怎样去解决重要的科学问题，而不是在竞争中处于什么样的位置，或者是成果。"

做基础研究的科研工作者常常会遇到一个很大的困扰，那就是他们所做的研究常常不能为局外人所理解。那么，万蕊雪研究的成果与我们普通人的生活有什么关系呢？对此，她自己是这么解释的：

"在生物学领域，最重要的一个问题就是储存在DNA中的遗传信息时如何经过一系列的变化传递给蛋白质，最终执行生命活动的。这个过程被概括为'中心法则'。它是分子生物学中最重要的一个法则。

"蛋白质是生命的物质基础，是构成细胞的基本有机物，是生命活动的主要承担者。没有蛋白质就没有生命。我们要跑，要跳，要吃东西，要吸收能量，所有的新陈代谢都需要通过蛋白质来完成。为了让蛋白质执行这个重要的过程，我们就要把 DNA 中的遗传物质释放出来。

"很多疾病都是因为细胞分裂的某些过程，或是某几个蛋白质分子的异常引发的。尤其是那些非常重大的疾病，比如癌症、老年痴呆症、糖尿病、心血管疾病等等，它们的诱因都是多个方面的，并不是某一个分子的单一突变或异常导致的。

"所以，我们必须要搞清楚它是什么，这样才能对人体本身，对细胞生长和分化等各种各样的过程有一个清晰的了解。"

回顾近 10 年走过的路，她说："基础研究跟所有科学研究一样，没有捷径可走，只有一步一个脚印。"这话乍一听，极其稀松平常，可是仔细品味，却有着深深的内涵。这种内容概括起来，其实就是大家常说的执着。

说到执着，我们不妨将时间线拉得更长一些。在信息技术尚不发达的年代，科研可以说是一件极其奢侈的事情，往往只有很少一部分人才有机会从事这样的工作，因此那时候的科研人员几十年专注地做一件事，似乎要容易许多。然而，在当下这个信息爆炸的时代，知识的获取已来的如此便捷，几乎每一天，无数新奇的"脑洞"在纷繁的信息交叉碰撞中产生。面对潮水般汹涌而来的海量信息，许多人甚至会因此迷失方向。而从事科研工作的人其实也不能幸免，时间久了，那颗坚守的心可能就会没那么坚定了。从这个角度讲，万蕊雪 10 年如一日的执着追求，就不能看作是一种自发的偶然行为，而是真正意义上的"念念不忘，必有回响"。

2. 不忘初心，方得始终

我们先看一个小故事：

面对一群学生，老教授开始做一个小测试。

老教授问："如果你们到山上砍树，面前正好有两棵树，一棵粗，一棵细，你们会砍哪一棵？"

大家都说："当然砍那棵粗的了。"

老教授笑了笑，又说："那棵粗的不过是一棵普通的杨树，而那棵细的却是一棵红松，现在你们会砍哪一棵？"

同学们一想，红松比较珍贵，就回答说："当然砍红松了，杨树不值钱！"

老教授微笑着，又问："如果这棵杨树是笔直的，而红松却是弯弯曲曲的，你们会砍哪一棵？"

同学们一听，开始犹豫了，于是说："如果是这样的话，还是砍杨树吧。红松弯弯曲曲的，也做不了什么东西。"

老教授接着又说："杨树虽然笔直，可由于年头太久，中间都被虫子掏空了。这时，你们会砍哪一棵？"

虽然搞不懂老教授的葫芦里卖的什么药，同学们还是说："那还是砍那棵红松吧，杨树中间被蛀空，更没有用了！"

老教授紧接着问："红松的树干虽然没有被虫子蛀空，但它扭曲得太厉害，而且砍起来会非常费力呢。这样，你们会砍哪一棵？"

同学们有点儿被绕晕了，于是勉强说："还是砍那棵杨树吧。既然都没啥大用，当然挑容易的砍了！"

不容大家喘息，老教授又问："可是，杨树上有个鸟巢，几只幼鸟正在巢中嗷嗷待哺，那你们会砍哪一棵？"

终于，有人忍受不了这种"精神折磨"了，便问："老师，您到底想告诉我们什么？"

老教授收敛起笑容，说："在我的整个问话过程中，你们之中怎么就没有人问问自己，当初到底为什么上山砍树？虽然我给出的'条件'在不断变化，可是最终的结果还是取决于你们最初的动机。如果想砍柴，当然砍杨树最合适；如果想做工艺品，就非砍红松不可。你们当然不会无缘无故提着斧头上山砍树！"

这个故事告诉我们：很多人出发太久了，常常忘了为什么上路？人这一辈子，上班也好，做生意也罢，表面看来都是为了赚钱，赚钱的目的呢？恐怕大多数人从来就没有问过这个问题。无怪乎有人说：有目标的人生叫航程，没目标的人生叫流浪！

接着，咱们再来看一则寓言故事：

寺院打算扩建殿堂，有一棵碗口粗细的银杏树需要移栽到别的地方去。方丈命两个弟子去干这个活。两人领了任务，便开始挖土移树。挖了一会儿，年纪小一点的那个和尚一不小心把镐把拗断了，于是他对那个大些的和尚说："师兄，你先歇会儿，我修好镐把马上就回来。"

小和尚在杂物间翻找半天，也没找到斧头，于是出了寺门，到村子里去找木匠老丁借斧头。木匠老丁说："呀，真不巧，我的斧头昨天砍东西蹦了刃了，你借去也没法干活。"

小和尚听了便说："既然这样，我去找铁匠老李把你的斧子修一下吧。"

于是小和尚带着斧头去另一个村子找到铁匠老李，并说明来意。铁匠老李苦笑着对他说："呀，真不巧，我的木炭刚用完，你看我的炉子都熄了好几天了。"

小和尚又去找邻村烧炭的老张。老张对他说："呀，真不巧，我已经好多天没有烧炭了，因为我找不到车把木柴运下山啊。"

小和尚又去邻村找到车把式老杜。老杜说："呀，真不巧，你看我的牛生病了，我已经好多天没出工了。"

几天之后，寺院里僧人们经过四处打听，终于找到了小和尚。只见他正提着几包草药，匆匆地往车把式老杜家里赶。

和尚们非常纳闷，就问："你买这些草药干什么？"

小和尚激动地说："给老杜家的牛治病呀。"

和尚们说："三天前你偷懒出来，没想到是鬼混去了。现在怎么轮到你给老杜家的牛治病了呢？"

小和尚激动地说："给老杜家的牛治好病，他才能将老张的柴火运下山；老张有了柴火才能烧炭；老李有了炭才能生炉子打铁，这样我就可以把的老丁的斧子修好了。老丁的斧子修好了，然后——"

和尚们生气地说："然后怎么着——"

小和尚摸摸脑袋，一脸茫然地看着大家。

原来，他早把挖树坑的事忘到九霄云外去了。

现实生活中，几乎每个人都会遇到或经历这样的事：一天到晚认认真真地忙碌，辛辛苦苦地奔波，直到有一天被人问起"你在干什么？"却惘然不已，不知如何作答。因为，在目标的不断转换中，我们最初那个的目标早已渐渐模糊，甚至消失不见了。

因此，在我们的一生中，那个"最初的目标"其实才是我们最宝贵的"自我"。它是生命存在的意义和根据，丢弃了它，我们就只能像一个空壳一样在这个世界上游荡。因此，无论遇到多少艰难和曲折，也不论我们走出多远，都不能忘记来时的路。

第二十四份忠告：路在脚下

1. 敢问路在何方

在我们的想象中，清华毕业的学子，他们的人生旅途必定一帆风顺，如日中天的事业、美满幸福的婚姻、天文数字的财富、令人艳羡的社会地位等，都在不远处等着他们。在获得这些"门票"的路途上，即使有些许波折，也是分分钟可以摆平的小困难、小挫折。

事实上，在人生的无常变幻中，即便你是清华学子，也未必比一般人更受命运之神的青睐。而面对这些挫折时，许多人会选择沉沦。然而，倘若你昂起头，勇敢面对生命中的困苦，勇敢超越自己，相信风雨之后的彩虹，一定会在不远处等着你。

我们先来读读一个清华辍学生绝地反击的故事吧。

她叫钟莹莹，出生在中国台湾，父亲是台湾知名的商人。作为家中的独女，她从小就过着锦衣玉食的生活，住的是别墅，出门有豪车接送，家中仆人就有十多人。在 26 岁之前，她从来没为自己的生活发过愁。

那时候，她的梦想一度定格在这样一些场景中：去英国看演唱会，坐头等舱过去，买最贵的门票，再头等舱回来。她想学骑马，父亲就送她去著名的马场学习，还花几十万给她买了一匹马。在清华美院念硕士期间，她经常拿着金卡，跑去二环以里的奢侈店拼命地刷刷刷。那时候的她只是一个傻乎乎的白富美，什么都不懂，什么人生坎坷都没经历过。

然而，在 26 岁那年，一切都变了。当时，钟莹莹还在清华美院读硕士。周末，她像往常一样想去奢侈店刷卡购物。不料，她妈妈一个电话打过来："你那张卡不能用了！你以后还不起的！"这时她这才知道，父亲由于投资房地产失败，不仅赔光了所有的家当，还欠下了2亿新台币（约合4000万人民币）的债务！

钟莹莹担心家人的安全，立刻请假返回台湾一探究竟，这才知道一切有多严重：别墅被银行收走了，豪车没了，家里稍微值钱的东西都被搬空。黑道中人每天上门追债，父亲甚至屡次遭到毒打。家里所剩的只有3公顷的鱼塘，一家6口人只能挤在鱼塘边一处50平米的小平房里度日。一夜之间，她的生活从天堂坠入了地狱。

钟莹莹思前想后，决定退学回家帮助父母打理鱼塘的生意，不料却遭到父母的强烈反对："绝对不行！你除了画画、跳舞什么都不懂。如果你从清华美院退学，我们最后的希望都没了！"她流着泪说："现在想办法赚钱才是当务之急。如果你们在辛苦操劳，我却去大陆悠闲地读书，我一辈子都不会安心的。"

终于，她辍学回到台湾。为了不给父母再添负担，她到处找工作，由于没有职场经验，没有公司愿意录用她。最后，她只能在一家补课机构当美术老师，这才暂时解决了自己的生计问题。从此以后，一家人翻身的希望就寄托在那一池塘锦鲤上：如果锦鲤养得好，一条能卖几百甚至上千块。

因为请不起工人，即便是冬天刮风下雨，钟莹莹的父母、爷爷都要下鱼塘抓鱼，在冰冷的水里一站就是三四个小时。看着家人如此艰辛，钟莹莹决定从补课机构辞职，回家帮父亲饲养锦鲤。

饲养锦鲤是一个体力活，动辄要扛起几十公斤的鱼饲料去投食，而且得不分风霜寒暑地干活。这种活对于一个成年男子来说都是一份苦差事，更别说像她这种从小天生娇惯的体质了。她的皮肤对紫外线过敏，再加上从小怕水，头顶烈日，泡在水中，她真的能够挺过来吗？但钟莹莹没得选，作为家中的长女，她毅然选择承担起养家的责任。于是，这个皮肤白嫩、曾经奢侈品不离身的女孩扎起马尾，换上防水服，和父母、爷爷一起成天泡在水塘里。

这一泡就是3年。这3年中，她每天凌晨4点睡觉，8点起床，育种、投食、水质管理、疫病防控，什么事情都得她亲历亲为。她的皮肤晒得黝黑，双手皲裂，看上去不像一个风华正茂的女子，反而像一个40多岁的家庭妇女。渐渐地，她也变成了一个锦鲤养殖方面的行家里手：从对锦鲤养殖一窍不通，到能够熟记数百种锦鲤的品种和特质。

然而，尽管如此辛苦地打拼，家里的经济状况并没得到改观。她们家的锦鲤倒是卖出去不少，但一条只卖50元，根本赚不了多少钱。为此，她异常苦恼，不知明天的路在何方。

一次，她从一个朋友那里得知：在欧洲市场，一条锦鲤能卖到700欧元！欧洲人的中产阶级富于生活情趣，那里对高品质锦鲤的需求很大，当然前提条件必须是名贵的品种才行。于是，钟莹莹做出一个大胆的决定：把锦鲤做成"艺术品"，打入欧美市场！

此后，她花了一个星期来说服父亲。父亲一直说"会不会风险太大了？……家里可还欠着不少债呢"。面对这样的担忧，钟莹莹别无他法，只是翻来覆去重复一句话："风险肯定是有的，如果我们连这点儿风险都不能承担，这辈子都没可能还清2亿块啊！"

父亲被她说服，于是苦心孤诣又筹集了一笔钱，引进了一批名贵品种。从此以后，钟莹莹更加小心翼翼地泡在鱼塘里，无论酷夏寒冬，育种，喂养，她都亲力亲为。

皇天不负有心人，钟莹莹终于培育出一种高质量的锦鲤。为了推广自家的锦鲤，钟莹莹透支信用卡，勉强凑足经费，准备带着锦鲤到德国参展。没想到，又一个巨大的打击降临到她头上。

一位台湾的老客户听说她要到德国参展，自告奋勇说，可以帮她把参展的鱼托运到展览现场。她见这位老乡那么热心，自己的经费又不够，于是答应了，并承诺赚了钱再把运费付他。

没想到，这个客户把钟莹莹的鱼直接拉到了自己的展位。到了德国后，钟莹莹顿时傻了眼。她想把鱼索要回来，可对方耍起无赖，拒不认账。她蜷缩在小旅馆里，想到自己透支信用卡才勉强来到德国，结果再次遭到生活的重击。她越想越委屈，忍不住嚎啕大哭。她打电话给清华美院曾经的同学哭诉，朋友静静地听完后说了一句："我们一起想办法解决这件事吧。"

钟莹莹这才冷静下来。她不断给自己鼓劲："不就是没有鱼参展吗？难道他们看不到实物，就不愿意买我的鱼了吗？"在朋友的建议下，她发挥自己的美术特长，连夜把展场设计成"中国风"的样子，并熬夜进行布置。

展览当天，她穿着旗袍，坐在自己的展区里，假装神情自若地泡茶、喝茶，展区里却一条鱼都没有。参展商们很奇怪，纷纷过来询问。钟莹莹假装淡定地回答："你们来晚了，鱼都被买走了。"她还告诉客户："你们可以去 xx 展区参观一下，那就是我刚售出的锦鲤样品。"她说的 xx 展区，就是骗走她鱼的那家。

于是，一条消息在展区不胫而走：一个来自中国台湾的女孩，仅仅一上午就把所有的锦鲤卖光了！许多参展商蜂拥而至，大家看了她的介绍资料，对她家的锦鲤赞不绝口，纷纷下单订购。就这样，钟莹莹再次完成了一个漂亮的绝地反击。

回到台湾后，她的事迹被广泛报道，不少客户争相上门订购她的锦鲤。她的生意越做越大，知名度也越来越高，先后拿下业界 11 项大奖，被誉为"锦鲤女王"。

2018 年 10 月，在日本坂井举办的锦鲤竞卖会上，钟莹莹花了 9 年时间培育的世界锦鲤之王——红白锦鲤，以 2 亿零 300 万日元的天价成交。换算过来，这条鱼的价值近1500万元人民币！

经过10多年不屈不挠的打拼，钟莹莹终于帮父亲还清了债务。但她的父母总感觉心中有愧。他们觉得，女儿本来能成为大牌设计师的，却因为家庭的拖累最终不得不以养鱼来还债，实在是对不起自己的女儿。对此，钟莹莹非常坦然，她说："虽然这些年吃了一些苦，但我不觉得委屈。也许所有的磨炼都是成长吧，可以让我成为更好的自己。"

有人说，世界上最高的山不是珠穆朗玛峰，而是我们自己，因为，一个人最难翻越的是他自己。确实，超越别人不能算是真正的超越，超越自己才是终极的超越！有人把自己看作生活的主角，有人把自己看作配角，也有人把自己看作是观众，而作为强者，从一开始，就是生活的编导。

2. 谁的青春不迷茫

"行路难！行路难！多歧路，今安在？！"早在一千多年前，诗仙李白就曾因仕途不顺发出过这样的慨叹。二十一世纪的今天，许多年轻人因感到前途迷茫，也不断发出类似的喟叹："路，究竟在何方？"

我本人也是这样，小时候听老版《西游记》的主题曲《敢问路在何方》时，一直没什么感觉。直到有了一定的社会阅历后，才对这句话有了些许感悟："敢问路在何方？——路在脚下！"

鲁迅先生也早就说过："世界上原本是没有路的，走的人多了，也便有了路。"

相信大家对马云创立淘宝网的故事耳熟能详。在马云开创互联网购物之前，没人知道世界上还有这样一条路，当时大家悉心追逐的或许是别的什么热门行业，后来马云带领他的"十八罗汉"趟出了这样一条路，于是越来越多的人开始紧跟马云的脚步，路便渐渐宽广起来。直到淘宝网宣布入驻店铺近百万家、年成交金额近千亿人民币的时候，人们才猛然发现：原来互联网购物是一条康庄大道。

同样的，当我们面对迷茫的青春时，我们要有开辟新路的信心与勇气。要知道，选择一条艰难坎坷的路，既是我们人生的希望所在，同样也是对我们人生的一种磨练和洗礼。一个人临出发前理应具备的"行囊"——勇气与希望，是我们走完这段艰难路途的保障。只要我们时时刻刻提醒自己：我们有责任在肩，我们需要坚持，便不存在走不了的路，过不了的关。有时候，即便是看似走错了的路，只要我们学会变换自己的思路，另辟蹊径，也常常会有意外的收获。

"我们就像一只只趴在玻璃窗子上的苍蝇：前途一片光明，却不知道出路在何方。"这句网络热句刚出来时，我也挺喜欢，至少它说出了现如今很多年轻人的生存现状。现在，倘若你要问：我的出路在哪里？那么我会郑重地告诉你：路，就在你的脚下！

下面以我自己的心路历程为例，为大家分享一下我是如何走出迷茫的青春的。前几年，电影《谁的青春不迷茫》刚上映的时候，我也看过。它让我回想起我自己迷茫的青春。那时候的我真的是连喜欢什么都不知道，就更别谈日后该朝着哪个方向努力了。特别是刚刚上初中时，我甚至连地球是什么样子（指地理地貌）都不知道，我只知道，念完书后最终的出路不是我想要的。迷茫的青春时光总是难熬的，作为一个思想上有些早熟的人，我想不明白的事实在是不胜枚举。我不知道我是否有独立的思想，或者我以为自己想明白了的东西是否正确，但我选择了遵从自己的感觉。

为了找到其中的答案，我本能地迷上了阅读。我看了很多书，如名人传记、小说、心理学、故事书、杂志、人生哲理等，那时候只要是带字的东西我总要拿起来看一看。直到我遇到了我的启蒙"老师"——《易经》，我才有一种豁然开朗的感觉。我情不自禁地在心底里念叨：这不就我想要的答案吗？！虽然，在外人看来，这本书晦涩难懂，但我却越读越喜欢它。因为，这本书里面讲的许多东西，与学校里学的知识是那么的不同，每读几页，我都有不一样的感觉。事实上，多年的学习心得也证明：这本书是我一辈子也学不完的。

正是凭借着自己的喜欢，我认定了我要走的路。其实，这本书中并没告诉我，我的人生要怎么走，要达到什么样的目标。就算我看到了一丝的光亮，也还是处在迷茫时期，那种感觉是处在现实中的人们无法理解的。我就像漂荡在大海上的一叶孤舟，随时都有倾覆的可能。那种煎熬真的会让自己神经衰弱，但我真的很喜欢这条路，并坚定地选择了这条路。后来，我研究了很多喜欢这本书的人，发现了一个秘密：许多古代学者以及现代学者、著名商业人士都对这本书情有独钟。从此，我的思维方式发生了质的改变。我开始向很多成功人士学习，学习他们为人处世的智慧。

事实证明，我的选择没有错，很多东西都是因为自己想学才会有所收获的。然而，真正学有所得时才发现自己的幼稚。走在路上，我们可能看不到远方的目标，目标只是我们心中一个的假想。但是，不要忘了：千里之行，始于足下；不积跬步，无以至千里。这些道理不去实践真的很难理解。现如今有一句话叫作"万丈高楼平地起"，其实和上面的话是一个意思。另外，前几年一度流行的一个"盖楼"的小游戏，这些无不在向我们传递着生活中的智慧。

行走在路上，很多人只顾死死地盯着前面，结果发现周遭总有很多东西在诱惑我们，让我们偏离甚至放弃脚下的路。因为，很多人在出发时并不知道自己选择的路对不对，是不是自己真正喜欢的。也许你经过了漫长的求索，强迫自己忍受这个过程中的一切不适，直到自己喜悦地接受自己的选择。

现实生活中，有的人始终在失败的漩涡中挣扎，原因并非他们不够努力。事实上，他们一直非常努力，也非常专注，可以说，已经竭力全力了。然而，追究失败的原因，其实是缺少有效的规划。行走在路上，如果你分不清轻重缓急，做事就会没有计划，就有可能错过自己真正喜欢的东西。

此外，行走在路上，除了要有有效的规划，坚韧不拔的毅力同样不可或缺。在刚上大学的时候，我看过一个视频，内容大致是说，一名运动员背着自己的同伴，手脚并用"走"完了一个足球场的距离。在这个视频中，那名运动员说的最多的就是"我不行了""我不行了"。而他的教练则一直在他的身旁对着他喊"你可以的""你可以的""再坚持一会儿"。

一个人是英雄还是懦夫，由他的行动决定；而如何行动，则由他的内心决定。拥有强大的内心，能让一个人在绝望中看到希望；而消极悲观，只会让你丧失全部力量，即使希望就在眼前，也会坐失良机。面对困难，你可以选择哭泣，选择逃避；也可以选择上文像钟莹莹那样，咬紧牙关，绝地反击。面对人生的逆境，失败，是逃避的必然结果；奋起反击，则还有成功的可能。因此，你的未来就掌握在你的手中，或成功，或失败，完全取决你自己的抉择。

著名的摇滚乐队零点乐队的成名之路就能够很好地印证这一点。零点乐队成立于1989年，起初乐队没什么名气，曲风也不固定，演出机会少，团队成员一度连生计都了成问题，这对团队的积极性造成了很大的打击。尽管士气低落，但是他们选择了默默坚持下去。

直到1996年，乐队的首张专辑《别误会》在北京正式发行，主打歌曲《别误会》成为年度最流行的单曲之一，并在各地电台的"热门歌曲排行榜"连登榜首，专辑的销量也跃居当年本土流行音乐专辑的首位。在"中国流行音乐十年回顾"纪念活动中，乐队成员均获"最佳乐手成就奖"。从此以后，零点乐队在大陆的摇滚乐坛站稳了脚跟。

2002年，零点乐队发行了专辑——《没有什么不可以》，其中的一首歌曲《相信自己》，是乐队为中国男子篮球职业联赛创作的主题曲。直到今天，这首歌仍然是传唱度最高的励志歌曲之一。我们将这首歌节录如下，作为本篇的结束，相信这首歌对尚处在迷茫中的你会有所启迪：

多少次挥汗如雨　伤痛曾填满记忆
只因为始终相信　去拼搏才能胜利

总是在鼓舞自己　要成功就得努力
热血在赛场沸腾　巨人在东方升起

相信自己　你将赢得胜利 创造奇迹
相信自己　梦想在你手中　这是你的天地
……